高等职业教育"十三五"规划教材

计算机应用基础

（Windows 7+Office 2010）

汪作文　廖俊杰　主　编

何　婧　金　鑫　杨　鑫　副主编

U0363901

中国铁道出版社
CHINA RAILWAY PUBLISHING HOUSE

内 容 简 介

本书共分为 6 章，内容包括计算机基础知识、Windows 7 操作系统及应用、文字处理软件 Word 2010、电子表格处理软件 Excel 2010、演示文稿制作软件 PowerPoint 2010 和计算机网络基础与 Internet 基础等。

本书在教学实践的基础上编写而成。在编写过程中，重点突出了本书的实用性、适用性和先进性，注意由浅入深、循序渐进、繁简适当，尽量采用通俗的语言解释，表述一些初学者难以理解的概念和术语，并配合相应的插图描述操作方法，为读者自学创造条件。

本书可作为高等职业技术院校、成人教育计算机文化课教材，也可作为全国计算机等级考试和自学考试的助学用书。

图书在版编目（CIP）数据

计算机应用基础 : Windows 7+Office 2010 / 汪作文,
廖俊杰主编. — 北京 : 中国铁道出版社, 2016.9
高等职业教育"十三五"规划教材
ISBN 978-7-113-22313-7

Ⅰ. ①计… Ⅱ. ①汪… ②廖… Ⅲ. ①Windows 操作系统－
高等职业教育－教材②办公自动化－应用软件－高等职业教育－
教材 Ⅳ. ①TP316.7②TP317.1

中国版本图书馆 CIP 数据核字（2016）第 208297 号

书　　名：计算机应用基础（Windows 7+Office 2010）
作　　者：汪作文　廖俊杰　主编

策　　划：徐海英　　　　　　　　　　读者热线：（010）63550836
责任编辑：何红艳　田银香
封面设计：付　巍
封面制作：白　雪
责任校对：汤淑梅
责任印制：郭向伟

出版发行：中国铁道出版社（100054，北京市西城区右安门西街 8 号）
网　　址：http://www.51eds.com
印　　刷：北京尚品荣华印刷有限公司
版　　次：2016 年 9 月第 1 版　　　　2016 年 9 月第 1 次印刷
开　　本：787 mm×1 092 mm　1/16　印张：13　字数：312 千
印　　数：1～7 000 册
书　　号：ISBN 978-7-113-22313-7
定　　价：32.00 元

随着全球信息化的蓬勃发展和计算机应用在我国的日益普及，社会上越来越多的人需要了解和掌握计算机科学知识，本书则是新编的计算机应用课程的基础教程。

读者通过对本书的学习，能够对计算机的结构有一个全面的了解，对计算机的操作与使用能够达到一定的程度，基本上可以实现对日常事务工作的计算机处理，同时也能为进一步学习其他的计算机应用技术打下一个良好的基础。

本书的中心任务是使读者了解计算机的基本构成和计算机网络知识，掌握操作系统与Office 2010 办公软件的实际操作方法，锻炼、培养读者的计算机应用能力，将计算机应用技术与实际相结合，以适应现代科学技术的发展，成为符合当今信息化社会发展所需的复合型人才。

本书的特点主要表现在既适合初学者入门学习，又考虑到大多数人都不同程度地接触过计算机，希望能进一步深入地了解计算机的相关知识的需求，因此在教学内容上，增加了一些计算机基本理论和一些实用的技术指标，并注意了理论以够用为度，注重操作，既不失去教学内容的先进性，又讲究实际效果。另外，本书把教学内容和解决实际问题结合起来，突出了实际操作中常用而又容易被忽略的一些小技巧。重点培养读者使用计算机解决实际问题的能力，使读者在操作计算机的过程中，既能够知其然，也能够知其所以然。只有这样，在遇到某些问题时，才能找到解决问题的方法。

本书共 6 章。第 1 章为计算机基础知识，第 2 章为 Windows 7 操作系统及应用，第 3 章为文字处理软件 Word 2010，第 4 章为电子表格处理软件 Excel 2010，第 5 章为演示文稿制作软件 PowerPoint 2010，第 6 章为计算机网络基础与 Internet 基础。

本书由汪作文、廖俊杰任主编，何婧、金鑫、杨鑫任副主编。其中，第 1、2 章由汪作文编写，第 3 章由廖俊杰编写，第 4 章由何婧编写，第 5 章由杨鑫编写，第 6 章由金鑫编写，全书由汪作文统稿。

在本书编写过程中，参考了多种书籍，在此向有关资料的作者致以诚挚的谢意！鉴于学识有限，时间仓促，本书难免有缺陷和疏漏之处，敬请读者批评指正。

编 者
2016 年 7 月

目录

目录

第①章

→ 计算机基础知识

 学习目标

- 掌握计算机的基本概念。
- 掌握计算机系统的组成结构基本知识。
- 掌握数据与编码的基本知识。
- 掌握计算机病毒的概念及其防治方法。

计算机是 20 世纪最伟大的科学技术发明之一，对人类的生产活动和社会活动产生了极其重要的影响，并以强大的生命力飞速发展，现已形成规模巨大的计算机产业，带动了全球范围的技术进步，由此引发了深刻的社会变革。计算机是人类进入信息时代的重要标志。

1.1　计算机概述

1.1.1　计算机的发展阶段

计算机（Computer）是一种能够快速、准确地完成数字化信息处理的电子设备。它能够按照人们预先设计的程序对输入的数据进行存储、加工、传送、输出，使人们获得有价值的信息和知识，是促进人类社会不断进步的重要应用工具。

电子计算机诞生之前，人们已经开始使用各种不同类型的计算工具。1946 年，世界上第一台电子数字计算机 ENIAC（Electronic Numerical Integrator and Computer）在美国加州宾西法尼亚大学问世。它使用了 18 800 个电子管，功率 150kW，质量达 130 t，占地面积 170 m²，还附加一台 30 t 重的散热冷却器，俨然一台庞然大物，其运算速度为 5 000 次/s 加法运算。虽然与现代计算机相比体积大、功耗大、存储容量小、速度慢，但它却标志着科学技术的发展开始跨入一个崭新的数字时代。

计算机的种类很多，如巨型机，大、中、小型机，以及目前广泛使用的服务器、工作站、台式机、便携机、掌上电脑等。由于生产工艺的不断提高，计算机使用的电子元器件发生了巨大变化，经历了四次产品的更新换代。从最初的电子管改为晶体管，又发展为小规模和中规模集成电路，直到今天的大规模和超大规模集成电路，使得计算机体积越来越小，运算速度越来越高。从用户使用计算机资源的角度来看，计算机的发展大体经历了三个阶段：

（1）大、中、小型机阶段。如美国 IBM 公司生产的 IBM360/370/4300/3090/9000 大型计算机，DEC 公司推出的 PDP、VAX 系列小型机。每台主机通过同轴电缆线或双绞线方式与多台

终端相连接，用户使用时，在终端上按系统管理员事先给定的账号注册到主机，成功后方可使用本账号权限内的主机中的硬件和软件资源。其特征是若干人共用一台计算机。

（2）微型计算机阶段。最有代表性的是美国 IBM 公司 1981 年推出的 IBM-PC 个人计算机，此后经历若干代的演变，已成为世界各计算机公司相继发展的一种机型，形成了规模庞大的个人计算机市场，成为个人及家庭能买得起的计算机。其特征是一个人使用一台计算机。

（3）计算机网络阶段。计算机网络是计算机技术与通信技术相结合的产物，是把一定地理范围内的计算机利用通信线路互联起来，在相应通信协议和网络系统软件的支持下，彼此相互通信并共享资源的系统。

1969 年美国国防部 ARPANET 网络的运行，为计算机网络技术的发展拉开了序幕。在今天，局域网、广域网，尤其是互联网的出现，使计算机网络从区域到城市，从城市到国家，进而将全世界连成一体，开创了资源共享的网络时代。其特征是一个人享用多台计算机资源。

上述计算机发展的三个阶段并没有划分具体的起止年代，因为它们不是串接式的取代关系，而是并行式的共存关系，直到今天它们仍然在各自适合的领域发挥着自己的优势。

1.1.2 计算机的发展趋势

1. 计算机近期的发展

计算机功能将进一步提高和扩大，向处理更加高速化、界面更加人性化和网络无线化方向发展，使人们真正实现"享用电脑"，而不只是"使用电脑"。人们在近期将开发以下功能：

（1）语音识别功能。解决计算机自然语音输入中的语音识别和计算机输出中的语音合成问题，要求计算机能够对普通话发音做出正确识别，实现声控语音界面。

（2）三维图形功能。要求计算机能处理多维宽带的信息，向人们提供更加丰富多彩的动画功能和更高质量的图像信息。

（3）无线通信功能。用双频无线连接技术，把计算机（如笔记本式计算机、掌上电脑等）与无线通信结合起来，利用无线通信设备可在移动中交互信息。

（4）字体识别功能。把计算机与传感器技术结合起来，使计算机能识别手写体和跟踪文档。充分利用数字墨水技术和电磁感应的"手写笔迹"应用功能，使人机交流更加自然。

（5）感受新电脑。家用计算机的发展将进入全新的"数字家庭"模式，通过计算机的智能活动与各种家用电器相结合，构成家庭多媒体中心。

2. 计算机未来的发展

随着计算机芯片的集成度越来越高，元件越做越小，集成电路技术已临近其极限，因此必须寻求一种新的材料取而代之。20 世纪 80 年代，美国、日本，以及欧洲的一些国家，开始研究具有智能型的新一代计算机。经过多年的研制和反复试验，认为未来计算机的发展主要有三种类型：生物计算机、光子计算机和量子计算机。

（1）生物计算机。每一种有机生命体中都存在着脱氧核糖核酸（DeoXyribo Nucleic Acid，DNA），这种分子具有存储大量信息的能力。事实上复制生命所需的全部指令都存储在 DNA 中。生物计算机通过模仿生命机体的运转规律，利用生物细胞的活动机理和神经元的奇妙联系让计算机能自行思考，从而具有相当程度的智能活动。生物计算机被称为继超大规模集成电路之后的第五代计算机。

生物计算机把生物工程技术产生的蛋白质分子作为原材料制成生物芯片，它以波的形式传送信息，传送速度比现代计算机提高上百万倍，能量消耗极小，更易于模拟人脑的功能。目前已经研制出了运算速度达 330 万亿次每秒的生物计算机。这种计算机的运算速度比现在普通计算机快 10 万倍，它的运算速度如此之快靠的是 DNA 运行。有人预测，将在一二十年内制造出速度比目前的超级计算机快 100 万倍的生物计算机。

（2）光子计算机。光子计算机是利用光子取代电子、光互联代替导线互联的全光子数字计算机。在光子计算机中，不同波长的光代表不同的数据，利用光子进行数据运算、传输和存储。

光子计算机使用具有巨大存储量的光存储技术，而且可靠性强，存取速度快，成本低。如光盘、光卡的存储容量比现在的磁盘、磁卡要高出 200～20 000 倍，且不易磨损，不受外界磁场和温度影响。使用光通信代替现行通信方式，目前光纤通信已经实用化、商业化，并正在逐步代替传统的同轴电缆、微波通信，据统计现在全世界铺设光纤总长度已超过千万公里。光子计算机除光纤通信外，还使用大气光通信、水下光通信、空闪光通信，以及光弧子、相干光、全光纤等，全部由光学功能器件组成全光通信系统。用光子代替电子传递信息、光互联代替电线互联，光硬件代替电子硬件，其运算速度比目前最快的电子计算机要快 1000～10 000 倍。

（3）量子计算机。量子力学和计算机这两个看似互不相干的理论，其结合却产生了一门也许会从根本上影响人类未来发展的新兴学科，它就是量子信息学。

一台有 50 个量子位的计算机，与整个地球上所有计算机的计算能力的总和相当。一台具有 5 000 个量子位的量子计算机，可以在 30 s 内解决传统超级计算机要 100 亿年才能解决的大数因子分解问题。

量子计算机之所以有这么大的威力，其根本原因在于构成量子计算机的基本单元的量子比特（q-bit）具有奇妙的性质，量子比特是由量子态相干叠加而成。如用现在的计算机表示一个 5 位的二进制数，某一时刻只能表示 32（2^5）个数中的某一个数（如 10011），而用量子位，则可以同时表示 32 个数中的每一个数。目前实验室的量子计算机只做到 5 个量子比特，而且只能做很简单的实验。除了最基本的量子比特、量子计算、量子超空间传送等概念，在量子计算机的研究领域中还有许多有趣的现象和新的概念，如量子编码、量子逻辑门、量子网络、量子纠缠交换等。

尽管量子计算机不会在短期内取代个人计算机，但再过几十年，量子计算机可能正式成为传统计算机的终结者。届时，全面搜索全球整个互联网，查找某条信息只需一瞬间。

1.2　计算机的特点及应用领域

1.2.1　计算机的特点

计算机的发展空间如此之大，并能在各个领域发挥越来越大的作用，是与它本身具有的特点分不开的。计算机的主要特点表现在以下几个方面：

第 1 章　计算机基础知识

（1）自动化。计算机能按人的意愿自动执行为它规定好的各种操作，只要把需要进行的各种操作以程序方式存入计算机中，运行时，在它的指挥、控制下和计算机硬件的支持下，会自动执行其规定的各种操作，无须人工干预。

（2）高速度。用电子线路组成的计算机具有极高的运算速度。运算速度是指计算机每秒内执行指令的数目。目前微机的速度一般可达每秒几亿次至几十亿次；大型机、巨型机可达每秒几千亿次至几万亿次。目前，我国已经研制出每秒万亿次的巨型机。随着新技术的不断发展，运算速度仍在不断提高。

（3）强记忆。计算机有存储记忆装置，能够存储各种类型的信息，如数字、文字、图形、图像、声音等，将它们转换成计算机能够存储的数据形式保存在计算机的存储装置中。

（4）高精度。计算机的数值运算精度很高，一般情况下，微机数值数据的有效数字可达几十位，高档计算机有效数字则更多，这是其他任何计算工具所不及的，即使是微机也能够满足大多数科学计算的高精度要求。如在 Windows（科学型）计算器中，单击"PI"按钮（即 π 函数），其计算结果是：3.1415926535897932384626433832795，有效数字达 32 位。

（5）逻辑运算能力。计算机不但能进行数值计算，而且能进行逻辑运算。如"与""或""非"运算等，并能判断数据之间的关系。人们正是利用这种逻辑运算能力，开发计算机在信息处理、过程控制和人工智能等方面的应用。

1.2.2　计算机的应用领域

在信息化社会中，计算机的应用已经广泛地深入到人类社会的各个领域，归纳起来主要表现在以下几个方面：

1. 数值计算

数值计算也称科学计算，是计算机的看家本领，是计算机诞生以来应用最早的一个领域。利用计算机的高速运算和大容量的存储能力，可进行庞大而复杂、人工无法实现的各种数值计算。广泛应用于数学、物理、化学、生物学、天体物理学等基础科学的研究，以及航天、航空、工程设计、气象分析等复杂的科学计算，直接推动着现代科学技术的发展。

2. 数据处理

数据处理也称信息处理。数据处理是指在计算机上管理、操作各种形式的数据资料。人们把采集的大量数据，按照一定的组织方式输入到计算机中，通过计算机的运算、分析、加工，输出人们需要的有用信息。实现科学化、自动化管理，可节省大量的人力、物力和时间，使人们能够准确、及时地得到所需要的各种信息资料。虽然计算方法简单，但数据量非常大，输入/输出操作频繁，是计算机应用中所占比重最大的一个领域。如企业管理、金融财务、交通运输、医疗、核算、检索、分类等。

3. 过程控制

过程控制也称实时控制或自动控制。过程控制是指利用计算机实现对整个运行过程的监测和控制。在程序的作用下，通过声、光、电、波等各种传感装置，经模/数、数/模转换进行实时监测和控制，不仅提高了自动化水平，而且也增强了控制的准确性。因此，在科学研究、工业生产、交通运输、航空、导弹、卫星等方面都得到广泛的应用。

4. 辅助工程

辅助工程主要包括计算机辅助设计（CAD）、计算机辅助制造（CAM）、计算机辅助工程（CAE）、计算机辅助测试（CAT）、计算机辅助教学（CAI）等。

计算机辅助设计（Computer Aided Design，CAD）是指利用计算机进行工程或产品设计，以实现最佳设计效果的一种技术。它已广泛地应用于宇航、飞机、汽车、机械、电子、建筑、轻工和家庭装饰等领域。

计算机辅助制造（Computer Aided Manufacturing，CAM）是指利用计算机进行计划、管理和控制加工设备的操作等。它可提高产品质量，降低成本，缩短生产周期，提高生产率和改善制造人员的工作条件等（如一些危险、有害的作业完全可以实现无人化自动操作）。

随着 CAD 和 CAM 的进一步发展，两者必然要连接起来，成为 CAD/CAM 系统。随着信息技术的不断发展，目前引人注目的计算机集成制造系统将得以实现，它将实现设计、生产的自动化，真正实现无人化工厂。

计算机辅助教学（Computer Aided Instruction，CAI）是指利用计算机进行教学的自动系统。它将教学内容、方法及学生的学习情况存储于计算机内，模拟各学科的课堂教学过程，甚至能够突破某些利用传统的教学手段难以实现的知识难点，循序渐进地引导学生学习，并能进行自学与自我检测，是以学生为主体的教学模式，也是 21 世纪创新教育的新模式。

5. 计算机网络

计算机网络技术是一种借助于不同的通信线路，将不同空间位置中的一台或者多台独立功能的计算机设备有效地连接起来，并且在计算机网络软件和计算机网络通信系统的相互管理和相互协调下，实现计算机网络系统的资源共享及信息传递的计算机技术。从本质上来说，计算机网络技术是计算机技术和通信技术的有效融合，在计算机网络环境下，实现资源共享和网络互联，充分发挥计算机技术的优势，同时全面提高了计算机系统的资源利用率和处理能力。

目前世界上最大的计算机网络是美国的 Internet，它已发展成公用性极强的计算机网络集合，成为当今流行的高科技产业热点。特别是随着计算机网络技术的发展，互联网已经实现了电子邮件服务、远程登录服务、文件传输服务等服务功能。此外互联网还提供了丰富多彩的信息查询工具，能够为用户访问信息提供技术上的便利。

"互联网+"这是近几年网络应用最关注的热点之一，通俗地说，"互联网+"就是"互联网+各个传统行业"，但这并不是简单的两者相加，而是利用信息通信技术及互联网平台，让互联网与传统行业进行深度融合，创造新的发展生态。它代表一种新的社会形态，即充分发挥互联网在社会资源配置中的优化和集成作用，将互联网的创新成果深度融合于经济、社会各领域之中，提升全社会的创新力和生产力，形成更广泛的以互联网为基础设施和实现工具的经济发展新形态。"互联网+"与之密不可分的便是传统企业接轨互联网，为什么传统企业需要拓展线上市场？从 20 世纪 80 年代末期互联网开始传入我国，到 90 年代末互联网已经开始在国内逐步普及，到如今我们的生活与之息息相关，人们越来越依赖互联网，足不出户购买、售卖物品已经成为家常便饭。从到店才能购买演变为动动手指就能买到喜欢的物品，互联网带给人们的便利越来越多，现在已经不是单纯的网上购买及销售，在线医疗、在线旅游、在线房产等等，更方便更快捷更多选择的生活方式才是用户所需。几年来，"互联网+"已经

改造及影响了多个行业，当前大众耳熟能详的电子商务、互联网金融、在线旅游、在线影视、在线房产等行业都是"互联网+"的杰作。当前，互联网+的应用已经深入到工业、金融、商贸、智慧城市、通信、交通、民生、旅游等多个领域，并不断拓展。

总之，计算机的应用已经成为人类大脑进行思维的延伸，成为人类进行现代化生产和生活的重要工具。

1.3　计算机的系统组成

1.3.1　计算机系统的组成结构

计算机是一种能按照事先编好的程序（指令序列）自动、高速、准确地进行大量运算和对信息进行加工处理的电子设备。但计算机只有硬件还不能工作，必须在软件控制下才能工作。一个完整的计算机系统由硬件系统和软件系统组成。

1.3.2　冯·诺依曼计算机体系结构及模型

第一台电子计算机 ENIAC 诞生以后，美国数学家冯·诺依曼提出了冯·诺依曼计算机模型。其核心思想是：

（1）计算机的硬件系统由运算器、控制器、存储器、输入设备和输出设备五大部分组成。

（2）计算机内部采用二进制形式表示信息。

（3）计算机的工作原理是采用存储程序、程序控制原理。

冯·诺依曼提出的"存储程序"工作思想原理决定了计算机硬件系统五大组成部分，它们之间的关系如图 1-1 所示。70 年以来，虽然计算机系统从性能指标、运算速度、工作方式到应用领域与最初的计算机都有很大差别，但是基本结构没有变化，都属于冯·诺依曼结构体系的计算机。

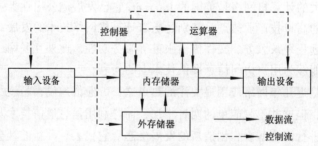

图 1-1　冯·诺依曼计算机硬件之间的关系

1.3.3　计算机的硬件系统

计算机硬件是计算机系统重要的组成部分，其基本功能是接收计算机程序，并在程序的控制下完成数据输入、数据处理和输出结果等任务。计算机硬件是构成计算机有形的物理设备的总称，是所有软件的"物质基础"。例如，主机、显示器、键盘、硬盘等属于硬件。计算机硬件设备不断向大容量、高速度、多功能、高集成度、智能化和微型化方向发展。图 1-2 所示为计算机的硬件组成。

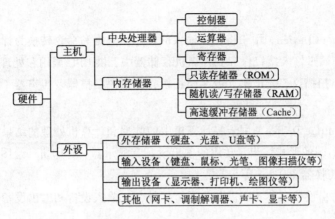

图 1-2 计算机的硬件组成

1. 运算器

运算器（Arithmetic Unit）是计算机的主要计算部件，它在控制器的控制下完成各种算术运算和逻辑运算，包括加、减、乘、除四则运算及与、或、非等逻辑运算，并包括数据的传送和移位等操作。

2. 控制器

控制器（Control Unit）是整个计算机的控制指挥中心，它逐条取出程序中的指令，分析后按要求发出操作控制信号，协调各部件工作，保证计算机按照预先设定的目标和步骤完成程序指定的任务。

控制器从内存中逐条取出指令，分析每条指令规定做什么工作（操作码），以及该操作的数据在存储器中的位置（地址码），接着，根据分析结果向计算机其他部件发出控制信号。因此，计算机执行由人为编制的程序，即执行一系列有序的指令。

运算器和控制器被集成在一块芯片上，称为中央处理器（Central Processing Unit，CPU），是计算机的核心部件，相当于人类的大脑，指挥调度计算机的所有工作。

3. 存储器

存储器（Memory）是计算机的主要工作部件，其作用是存放数据和各种程序。存储器主要由半导体器件和磁性材料组成，其存储信息的最小单位是"位"。在计算机中是按字节组织存放数据的。某个存储设备所能容纳的二进制信息量的总和称为存储设备的存储容量。存储容量用字节来计量，常使用几种度量单位：KB、MB、GB、TB 和 PB，如：512 MB、320 GB、500 TB 等，目前，高档微型计算机的内存容量已达到几十吉字节，外存容量已从几百吉字节发展到几太字节。

存储器分为内部存储器（也称内存、主存）和外部存储器（也称外存、辅存）。内部存储器是 CPU 能根据地址线直接寻址的存储空间，由半导体器件制成，用来存储当前运行所需要的程序和数据。外部存储器用于存放一些暂时不用而又必须长期保存的程序或数据。当要执行外存的程序或处理外存中的数据时，必须通过 CPU 输入/输出指令，将其调入内存中才能被 CPU 执行处理。内存存取速度快，容量小，但价格较贵；外存响应速度相对较慢，但容量大，价格较便宜。CPU 与内部存储器组成了计算机的主机。

第 1 章　计算机基础知识

4. 输入设备

输入设备（Input Device）用于将用户输入的程序、数据和命令转换为计算机能识别的二进制数据代码，并通过输入接口保存到计算机存储器中，供 CPU 调用和处理。常用的输入设备有键盘、鼠标、扫描仪、光电笔、数字照相机、条形码扫描器及传声器（麦克风）等。

5. 输出设备

输出设备（Output Device）用于将计算机中的数据和计算机处理的结果转换成人们可以识别的字符、图形/图像形式输出。常用的输出设备有显示器、打印机、绘图仪、扬声器（音箱）及各种数/模转换器（D/A）等。

输入设备和输出设备又称 I/O 设备。通常把外存、输入设备和输出设备合称为计算机的外围设备，即外设。

1.3.4 计算机的软件及分类

计算机软件是计算机系统中各类程序、有关文档及所需数据的总称。软件依附于硬件，在工作中起控制作用，是计算机工作的灵魂。

一个完整的计算机系统不仅包括硬件系统，还应包括软件系统，计算机是依靠硬件和软件的协同工作来完成某一给定的任务。也就是说，没有配置任何软件的计算机——裸机，几乎不具备任何功能。

用户在使用计算机时实际上都是在与运行于计算机上的某些软件直接"打交道"的，因此，要使用或应用计算机，应该熟悉各种计算机软件。

目前计算机软件内容非常丰富，种类繁多。按照软件功能的不同，可以粗略地分为系统软件和应用软件两大类。软件系统的层次结构如图 1-3 所示。

1. 系统软件

系统软件是负责管理、控制、维护计算机资源，为用户提供各种服务，方便用户使用计算机所必需的软件。系统软件一般由操作系统、程序设计语言及语言处理程序、数据库管理系统和服务程序组成。

图 1-3 软件系统的层次结构

1）操作系统

操作系统（Operating System，OS）是直接运行在裸机上的底层的系统软件，它的主要功能是管理计算机的各种软、硬件资源，组织计算机的工作流程，提高资源利用率，方便用户使用计算机并能为其他软件的开发与使用提供必要的支持。例如：DOS（磁盘操作系统）、Windows 操作系统、UNIX 操作系统、Linux 操作系统等。

2）语言处理程序

由于计算机只能执行机器语言程序，用汇编语言或高级语言编写的程序，必须翻译成机器语言程序。语言处理程序的作用就是将高级语言源程序翻译成机器语言程序，它包括以下几种：

（1）汇编程序：其作用是将汇编语言源程序翻译成目标程序。

（2）解释程序：解释程序对高级语言源程序的语句从头到尾扫描一句、翻译一句、执行一句，不生成目标程序，直至结束。这种方式运行速度慢，但在执行中可以进行人机对话，可随时改正源程序中的错误。解释程序实现简单，但是运行效率比较低，对反复执行的语句，它也同样要反复翻译、解释和执行。

（3）编译程序：编译程序对源程序进行一次或几次扫描后，最终翻译成可以直接执行的目标代码，对目标程序进行连接装配后得到"可执行程序"，程序要运行时，只需直接运行该可执行程序即可，编译产生的目标代码可以重复执行，无须重新编译，所以运行速度快。但这种方式不够灵活，每次修改源程序后，必须重新编译、连接。现在使用的 C 语言就采用这种方式。语言处理程序的处理过程如图 1-4 所示。

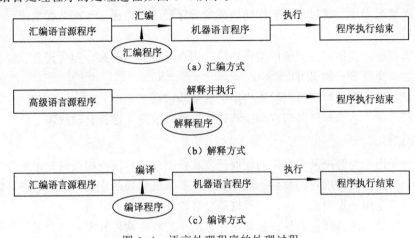

图 1-4　语言处理程序的处理过程

3）程序设计语言

利用计算机解决实际问题时，首先要编制程序。程序设计语言是供程序员编制软件、实现数据处理的特殊语言，但是计算机无法直接识别这些程序语言。这就需要将这些程序设计语言编写的程序转换成计算机可以直接认识的语言，语言处理程序提供对程序进行编辑、解释、编译、连接的功能。按照它与人类语言的接近程度可以分为机器语言、汇编语言和高级语言三大类。

（1）机器语言，机器语言是采用二进制代码表示的指令集合，是计算机唯一可以直接识别、直接运行的语言。机器语言依赖于计算机的指令系统，因此不同型号的计算机，其机器语言是不同的，存在互不兼容的问题，因此机器语言程序不可移植。

机器语言编写的程序占用的内存少、执行效率比其他语言高，但是不易阅读、理解和记忆，编写的程序难以修改和维护，所以很少有人直接用机器语言编写程序，因此限制了计算机的使用，也导致了汇编语言的出现。

（2）汇编语言，汇编语言用助记符来代替机器语言的操作数、操作码。相对于机器语言，汇编语言更加直观，容易记忆和理解。但是汇编语言指令和机器指令存在着一一对应的关系，也是一种面向机器的语言，故汇编语言同样依赖于计算机的指令系统，通用性差。

由于汇编语言和机器语言一样都属于低级语言，限制了一般的用户使用计算机，因此促使高级语言的产生。

（3）高级语言，高级语言是一种具有语法规则、形式与解题的算法十分相似的一种语言，它与汇编语言相比更加接近人类的自然语言，更容易被人们理解和书写。它可以描述具体的算法，因此又称算法语言。高级语言在一定程度上与具体的计算机硬件无关，移植性较好，具有很强的通用性。而且高级语言易学、易用、易维护，对软件开发的效率和普及都起到了非常重要的作用。高级语言有很多种，例如 C、Visual C++、ASP.NET、Java 等。

4）数据库管理系统（Database Management System，DBMS）

为了有效地处理和利用大量的数据、妥善地保存和管理这些数据，数据库得到了广泛的应用。数据库管理系统的主要功能就是保障数据库系统的正常运行，响应数据库用户的操作请求。例如 DB2、Access、Microsoft SQL Server、Oracle、Sybase 等都是数据库管理系统。

5）系统服务程序

系统服务程序是指一些公用的工具性程序，以方便用户对计算机系统的使用、维护和管理。主要的系统服务程序有：

（1）连接装配程序。通过编译程序转换成的目标程序必须通过连接装配生成一个可执行文件方能运行。

（2）编辑程序。提供使用方便的编辑环境，用户通过简单的命令即可建立、修改和生成程序文件、数据文件等，如 EDIT 等。

（3）测试程序。测试程序可以检查程序中的某些错误。

（4）诊断程序。诊断程序能够自动检测计算机硬件故障并进行自动故障定位。

2. 应用软件

应用软件是用户为解决某些具体问题而开发和研制或向开发商购买的专用软件，是针对某一应用领域、面向最终用户的软件，应用软件需要系统软件的支持。应用软件可以是应用软件包，也可以是用户定制的程序，还可以是套装软件。

应用软件包是标准的商业软件，通常由计算机制造商或软件开发公司为了向不同组织销售多份备份而开发出来的。目前，应用软件包种类繁多，几乎涉及各种计算机应用领域，如办公自动化软件（如 Office 2010）、辅助设计软件（如 AutoCAD 2010）、即时通信软件（如 QQ 2016）、文字处理软件（如 WPS 2012）等等。

1.3.5 程序设计基础

1. 算法

算法（Algorithm）是指解题方案的准确而完整的描述，是一系列解决问题的清晰指令。算法代表着用系统的方法描述解决问题的策略机制，也就是说，能够对一定规范的输入，在有限时间内获得所要求的输出。如果一个算法有缺陷，或不适用于某个问题，执行这个算法将不会解决这个问题。不同的算法可能用不同的时间、空间或效率来完成同样的任务。一个算法的优劣可以用空间复杂度与时间复杂度来衡量。

一个算法应该具有以下五个重要的特征：

（1）有穷性（Finiteness）。算法的有穷性是指算法必须能在执行有限个步骤之后终止；或者说算法是一个有穷的操作系列，而不应该是无限的。

（2）确切性（Definiteness）。算法的每一步骤必须有确切的定义；不能够模棱两可，也就是说不能够存在歧义性。

（3）输入项（Input）。一个算法有 0 个或多个输入，以刻画运算对象的初始情况。所谓 0 个输入是指算法本身定出了初始条件。

（4）输出项（Output）。一个算法有一个或多个输出，以反映对输入数据加工后的结果。没有输出的算法是毫无意义的；算法的目的是求解，解就是要输出的结果。

（5）可行性（Effectiveness）。算法中执行的任何计算步骤都可以被分解为基本的可执行的操作步骤，即每个计算步骤都可以在有限时间内完成（也称之为有效性）。此外，如果算法中有一个操作是不可执行的，整个算法就不具备有效性。例如：执行除法运算，除数为零的除法是不允许的。

2. 算法的描述

一个算法可以用自然语言、计算机程序语言或其他语言来说明，唯一的要求是该说明必须精确地描述计算过程。

一般而言，描述算法最合适的语言是介于自然语言和程序语言之间的伪语言。它的控制结构往往类似于 Pascal、C 等程序语言，但其中可使用任何表达能力强的方法使算法表达更加清晰和简洁，而不至于陷入具体的程序语言的某些细节。

从易于上机验证算法和提高实际程序设计能力考虑，采用 C 语言描述算法。

【例 1-1】定义一个输出错误信息后退出程序运行的错误处理函数，该函数将在后续的许多程序中用来简化处理代码。

```
#include<stdlib.h>                        //其中有 exit 的说明
#include<stdio.h>                         //其中有标准错误 stderr 的说明
void Error(char*message)
{
  fprintf(stderr,"Error: % s \ n ",message);  //输出错误信息
  exit(1);                                //终止程序，返回 1 给操作系统
}
```

3. 程序

程序是用程序设计语言描述的，适合计算机执行的指令（语句）序列。程序是为了实现特定目标或解决特定问题而设计出来的，能让计算机执行一个或多个操作，或执行某一任务，一般可以分为系统程序和应用程序两大类。程序是由序列组成的，告诉计算机如何完成一个具体的任务。

一个程序应该包括以下两方面的内容：

（1）对数据的描述。在程序中要指定数据的类型和数据的组织形式，即数据结构（Data Structure）。

（2）对操作的描述。即操作步骤，也就是算法（Algorithm）。

4. 程序设计的三种基本结构

程序设计的基本目标是用算法对问题的原始数据进行处理，从而获得所期望的效果。但这仅仅是程序设计的基本要求。全面提高程序的质量、提高编程效率，使程序具有良好的可读性、可靠性、可维护性及良好的结构，编制出好的程序来，应当是每位程序设计工作者追求的目标。而要做到这一点，就必须掌握正确的程序设计方法和技术。

结构化程序的概念首先是从以往编程过程中无限制地使用转移语句而提出的。为此提出了程序的三种基本结构。

1）顺序结构

顺序结构表示程序中的各操作是按照它们出现的先后顺序执行的，其流程如图 1-5 所示。图中的 A 和 B 表示两个处理步骤，这些处理步骤可以是一个非转移操作或多个非转移操作序列，甚至可以是空操作，也可以是三种基本结构中的任一结构。整个顺序结构只有一个入口点 a 和一个出口点 b。这种结构的特点是：程序从入口点 a 开始，按顺序执行所有操作，直

到出口点 b 处，所以称为顺序结构。事实上，不论程序中包含了什么样的结构，程序的总流程都是顺序结构的。

2）选择结构

选择结构表示程序的处理步骤出现了分支，它需要根据某一特定的条件选择其中的一个分支执行。选择结构有单选择、双选择和多选择三种形式。

双选择是典型的选择结构形式，其流程如图 1-6 所示，图中的 A 和 B 与顺序结构中的说明相同。由图中可见，在结构的选择点 P 处是一个判断框，表示程序流程出现了两个可供选择的分支，如果条件满足执行 A 处理，否则执行 B 处理。值得注意的是，在这两个分支中只能选择一条且必须选择一条执行，但不论选择了哪一条分支执行，最后流程都一定到达结构的出口点 b 处。

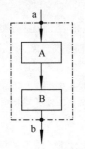
图 1-5　顺序结构流程图

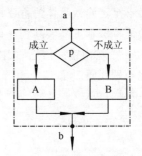
图 1-6　选择结构流程图

3）循环结构

循环结构表示程序反复执行某个或某些操作，直到某条件为假（或为真）时才可终止循环。在循环结构中最重要的是：什么情况下执行循环？哪些操作要循环执行？循环结构的基本形式有两种，即当型循环和直到型循环，其流程如图 1-7 所示。图中虚线框内的操作称为循环体，是指从循环入口点 a 到循环出口点 b 之间的处理步骤，这就是要循环执行的部分。而什么情况下执行循环则要根据条件判断。

当型（while）循环结构：表示先判断条件，当满足给定的条件时执行循环体，并且在循环终端处流程自动返回到循环入口；如果条件不满足，则退出循环体直接到达流程出口处。因为是"当条件满足时执行循环"，即先判断后执行，所以称为当型循环。其流程如图 1-7（a）所示。

直到型（until）循环：表示从结构入口处直接执行循环体，在循环终端处判断条件，如果条件不满足，返回入口处继续执行循环体，直到条件为真时再退出循环到达流程出口处，是先执行后判断。因为是"直到条件为真时为止"，所以称为直到型循环。其流程如图 1-7（b）所示。

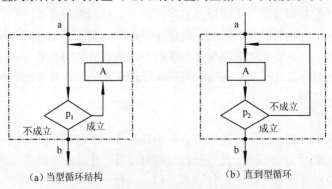
（a）当型循环结构　　　　　　（b）直到型循环
图 1-7　循环结构流程图

通过三种基本控制结构可以看到，结构化程序中的任意基本结构都具有唯一入口和唯一出口，并且程序不会出现死循环。在程序的静态形式与动态执行流程之间具有良好的对应关系。

1.4 数据与编码

1.4.1 数制

数制（Number System）是指用一组固定的数字和一套统一的规则表示数目的方法。通常，人们习惯用十进制表示一个数，即以十为模，逢十进一的进制方法。实际上，人们也常常使用其他的数制表示一个数。如十二进制（一打等于十二个，一英尺等于十二英寸，一年等于十二个月）、十六进制（过去一市斤等于十六小两）、六十进制（一小时等于六十分，一分等于六十秒）等。这些完全是由于人们的习惯和实际需要，并非是天经地义的进制方法。

计算机内部一律采用二进制存储数据和运算数据。为了书写、阅读方便，人们也可以使用十进制、八进制、十六进制形式表示一个数。但不管采用哪种形式，计算机最终都要把它们转换成二进制数存入计算机并以二进制方式进行运算，输出时可通过输出设备再把运算结果转换成人们需要的进制形式。计算机为什么采用二进制表示数据？其主要原因是：

（1）在电器元件中最容易实现，而且稳定、可靠。二进制数只要求识别"0"和"1"两个符号，具有两种稳定状态的电器元件都能实现。如果开关的合上定义为"1"，断开则为"0"；电灯亮为"1"，灭则为"0"；电容的充电为"1"，放电则为"0"；晶体管的截止为"1"，导通则为"0"等。计算机则是利用电路输出的高电平和低电平分别代表数字"1"和"0"的，而电路在这种工作状态下是最稳定、最可靠的。

（2）运算规则简单。由于计算机只能进行二进制数的运算，因此它比十进制数的运算规则简单许多。正因为如此，对硬件的设计、制作也相对简单得多，简化了硬件结构。

（3）便于逻辑运算。逻辑运算的结果称为逻辑值，逻辑值只有两个："1"或"0"。这里的"1"和"0"并不表示数值，而是代表问题结果的两种可能性："真"或"假"、"是"或"非"、"正确"或"错误"等。如果计算的结果为真就用"1"表示；为"假"则用"0"表示。

1.4.2 数制间的相互转换

用户可以使用八进制、十进制、十六进制形式表示一个数（如在汇编语言中），而计算机内部是用二进制形式表示一个数，这就存在数据之间的转换问题。

1. 十进制整数转换成二进制数

把一个十进制整数（小数略）转换成二进制数，只需将这个十进制整数一次又一次地被2除，直到商为0，每次得到的余数，从最后一位余数读起就是用二进制表示的数。

【例1-2】将10转换成二进制数。

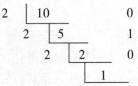

得到：$(10)_{10}=(1010)_2$

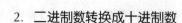
2. 二进制数转换成十进制数

将二进制数转换成十进制数，可以用下面公式求出：

$$(F)_{10} = a_n \times 2^n + a_{n-1} \times 2^{n-1} + \cdots + a_2 \times 2^2 + a_1 \times 2^1 + a_0 \times 2^0 + b_1 \times 2^{-1} + b_2 \times 2^{-2} + \cdots + b_{m-1} \times 2^{-(m-1)} + b_m \times 2^{-m}$$

式中，F 是十进制数（包括整数和小数），a_i 和 b_i 分别是整数和小数部分。

a_0 是二进制整数的最后一位，向上依次类推。

a_n 是二进制整数的最高位。

b_1 是二进制小数点后面的第一位，以下依次类推。

b_m 是二进制小数点后面的最后一位。

【例 1-3】将 $(1110100)_2$ 转换成十进制数。

$$(1110100)_2 = 1 \times 2^6 + 1 \times 2^5 + 1 \times 2^4 + 0 \times 2^3 + 1 \times 2^2 + 0 \times 2^1 + 0 \times 2^0$$
$$= 64 + 32 + 16 + 0 + 4 + 0 + 0 = (116)_{10}$$

得到：$(1110100)_2 = (116)_{10}$

3. 二进制数转换成八进制数

从二进制数最低位（最右边的整数位）开始，每三位为一组，依次向高位组合，最高位不足三位时，前面补 0，把每组二进制数都按二进制数转换成十进制数的方法进行转换，得到的结果就是用八进制表示的数。

【例 1-4】将 $(11101010)_2$ 转换成八进制数。

$$(011 \quad 101 \quad 010)_2$$
$$3 \quad \quad 5 \quad \quad 2$$

得到：$(11101010)_2 = (352)_8$

【例 1-5】将 $(1011010100111110)_2$ 转换成八进制。

$$(1 \ 011 \ 010 \ 100 \ 111 \ 110)_2$$
$$1 \ \ 3 \ \ 2 \ \ 4 \ \ 7 \ \ 6$$

得到：$(1011010100111110)_2 = (132476)_8$

八进制数的运算规则是以八为模，逢八进一。因此八进制数的每一位一定在 0~7 之间（包括 0 和 7），不会超过 7。

4. 八进制数转换成二进制数

只需把八进制数的每一位，按照十进制数转换成二进制数的方法，依次转换成一个必须满足三位的二进制数，其排列结果就是用二进制表示的数。

【例 1-6】将 $(351)_8$ 转换成二进制数。

其中：$(3)_8 = (011)_2$，$(5)_8 = (101)_2$，$(1)_8 = (001)_2$（不足三位时前面补 0）

得到：$(351)_8 = (011101001)_2 = (11101001)_2$

【例 1-7】将 $(45670)_8$ 转换成二进制数。

得到：$(45670)_8 = (100101110111000)_2$

5. 二进制数转换成十六进制数

从二进制数最低位开始，每四位为一组向高位组合，如果高位不足四位则前面补 0，把每一组按二进制数转换成十进制数的方法转换，得到的结果就是用十六进制表示的数。如果四位一组二进制数是 10、11、12、13、14、15，则分别用字母 A、B、C、D、E、F 表示。

【例 1-8】将(10011101)$_2$转换成十六进制数。

$$(1001\ 1101)_2$$
$$9\qquad D$$

得到：(10011101)$_2$ =(9D)$_{16}$

可以看出，用十六进制表示二进制数是非常简练的，书写也方便。十六进制是以十六为模，每个数字均在 0~F 之间（包括 0~F），不会超出这个范围。

6. 十六进制数转换成二进制数

只需要把每一个十六进制数，按照十进制数转换成二进制数的方法，依次转换成必须满足四位的二进制数，其排列结果就是用二进制表示的数。

【例 1-9】将(60)$_{16}$转换成二进制数。

得到：(60)$_{16}$ =(01100000)$_2$ =(1100000)$_2$（高位 0 可以省略）

【例 1-10】将(CB1F)$_{16}$转换成二进制数。

得到：(CB1F)$_{16}$ =(1100101100011111)$_2$

表示一个数时，为说明它是属于哪一种进制的数，除了书写时可加下标后缀以示区别外，还可以加字母后缀以示区别。后缀字母 B、D、O 或 Q、H 分别表示二、十、八、十六进制数，字母大小写无关。如：0101B；表示二进制数，13540 表示八进制数，2383D 表示十进制数，60ACH 表示十六进制数。

有些场合也可以用前缀表示进制数，如 0X100，表示该数是十六进制数 100，而 0X 则是前缀。

1.4.3 二进制数运算

二进制数运算包括算术运算和逻辑运算。算术运算的基本运算是加法和减法，利用加法和减法，可以实现二进制数的乘法和除法运算。

1. 二进制数的算术运算

（1）加法运算。二进制数的加法运算法则是：

0 + 0 = 0，0 + 1=1，1 + 0=1，1 + 1=10（逢二进一，向高位进位）。

【例 1-11】 1101110 + 101101 = 10011011

$$\begin{array}{r} 01101110 \\ +00101101 \\ \hline 10011011 \end{array}$$

（2）减法运算。二进制数的减法运算法则是：

0 − 0=0，1 − 0=1，1 − 1=0，10 − 1=1（向高位借位，借一当二）。

【例 1-12】 10011011 − 1101110=101101

$$\begin{array}{r} 10011011 \\ -01101110 \\ \hline 00101101 \end{array}$$

2. 二进制数的逻辑运算

计算机的特点之一是既能进行数值运算，也能进行逻辑运算。虽然逻辑运算结果是"1"

或 "0"，但它代表了所要研究问题的两种状态或可能性，赋予逻辑含义，可以表示 "真" 与 "假"、"是" 与 "否"、"有" 与 "无"。计算机中，只有用 "1" 或 "0" 两种取值表示的变量，即具有逻辑属性的变量称为逻辑变量。逻辑运算与算术运算的主要区别是：逻辑运算是按位进行的，位与位之间不像加、减运算那样有进位或借位的联系。

逻辑运算包括三种基本运算：逻辑加法、逻辑乘法和逻辑否定。此外，还可以导出 "异或" 运算、"同或" 运算，以及 "与" 或 "非" 运算等。下面介绍 4 种运算：

（1）逻辑加法（"或" 运算）。逻辑加法通常用符号 "+" 或 "∨" 来表示。设逻辑变量 A、B、C，它们的逻辑加运算关系是：

$A + B = C$ 或者写成 $A \vee B = C$，读作 "A 或 B 等于 C"。若逻辑变量采用不同的取值，则逻辑加运算规则如下：

$$
\begin{array}{ll}
A + B = C & A \vee B = C \\
0 + 0 = 0 & 0 \vee 0 = 0 \\
0 + 1 = 1 & 0 \vee 1 = 1 \\
1 + 0 = 1 & 1 \vee 0 = 1 \\
1 + 1 = 1 & 1 \vee 1 = 1
\end{array}
$$

在给定的逻辑变量中，只要有一个为 1，"或" 运算的结果就为 1。

（2）逻辑乘法（"与" 运算）。逻辑乘法通常用符号 "×" 或 "∧" 或 "·" 表示。设逻辑变量 A、B、C，它们的逻辑乘运算关系是：$A \times B = C$，$A \wedge B = C$，$A \cdot B = C$。读作 "A 与 B 等于 C"。若逻辑变量采用不同的取值，则逻辑乘运算规则如下：

$$
\begin{array}{lll}
A \times B = C & A \wedge B = C & A \cdot B = C \\
0 \times 0 = 0 & 0 \wedge 0 = 0 & 0 \cdot 0 = 0 \\
0 \times 1 = 0 & 0 \wedge 1 = 0 & 0 \cdot 1 = 0 \\
1 \times 0 = 0 & 1 \wedge 0 = 0 & 1 \cdot 0 = 0 \\
1 \times 1 = 1 & 1 \wedge 1 = 1 & 1 \cdot 1 = 1
\end{array}
$$

不难看出，逻辑乘法是 "与" 的含义，它表示只有参加运算的逻辑变量取值都为 1 时，逻辑乘积才等于 1。

（3）逻辑否定（"非" 运算）。逻辑 "非" 运算是在逻辑变量的上方加一横线。设逻辑变量 A，读作 "A 非等于" 其运算规则为：

$$
\begin{array}{cc}
A & \bar{A} \\
\hline
0 & 1 \\
1 & 0
\end{array}
$$

（4）"异或" 逻辑运算（按位加），即不带进位的加法。"异或" 运算通常用符号 "⊕" 表示。设逻辑变量 A、B、C，它的运算规则为：$A \oplus B = C$，读作 "A 同 B '异或' 等于 C"。

$$
\begin{array}{c}
A \oplus B = C \\
0 \oplus 0 = 0 \\
0 \oplus 1 = 1 \\
1 \oplus 0 = 1 \\
1 \oplus 1 = 0
\end{array}
$$

由此可见，在 A、B 两个逻辑变量中，只要两个逻辑变量的值相同，"异或"运算的结果就为 0；当两个逻辑变量的值不同时，"异或"运算的结果才为"1"。

以上介绍的四种逻辑运算在汇编和高级语言里，常用"OR"表示"或"，"AND"表示"与"，"NOT"表示"非"，"XOR"表示"异或"。

需要指出的是，计算机可以一次对不同种类的多个逻辑变量进行运算，它们将按照逻辑运算符的优先顺序进行，最终出现一个结果"真"（用"1"表示）或"假"（用"0"表示）。

1.4.4 计算机中的数据单位

1. 位（bit）

位也称比特，单位符号为 bit，是计算机存储数据的最小单位，是二进制数据中的一个位，一位表示二进制信息中的 0 或 1。

例如，1101 0101 一共有 8 bit。

2. 字节（B）

字节单位符号为 B，八个位组成一个字节，即 1 B = 8 bit。字节是计算机中数据处理的基本单位。在微型计算机中，存储器是由一个个的存储单元所构成的，每个存储单元的大小就是 1 B，因此存储容量的大小以字节数多少来衡量。

例如"1101 1101"占用空间为 1 B。通常一个字节可以存放一个 ASCII，两个字节可以存放一个汉字机内码。

3. 字

在计算机中作为一个整体被存取、传送、处理的二进制数字字符串称为一个字（Word）或者一个单元。每个字中二进制位数的长度称为字长。一个字由若干字节组成，不同计算机系统的字长是不同的，常见的有 8 位、16 位、32 位、64 位等。字长越长，计算机一次性处理的信息位数就越多，精度就越高。字长是衡量计算机性能的一个重要指标。

4. 其他数据单位

现在的计算机中，用字节来表示存储容量实在是太小了，在实际中经常使用的度量单位主要还有 KB、MB、GB、TB 及 PB 等。下面是它们之间的换算关系：

1B（1 字节）= 8 bit

1KB（1 千字节）= 2^{10} B = 1 024 B

1MB（1 兆字节）= 1 024 KB = $2^{10} \times 2^{10}$ B

1GB（1 吉字节）= 1 024 MB = $2^{10} \times 2^{10} \times 2^{10}$ B = 1 024×1 024×1 024 B = 1 073 741 824 B

1TB（1 太字节）=1 024 GB = 1 024 × 1 024 MB = $2^{10} \times 2^{10} \times 2^{10} \times 2^{10}$ B = 1 024×1 024×1 024×1 024 B

1.4.5 数值在计算机中的表示

数值数据必须转换成二进制数计算机才能保存和处理，由于各类存储器的基本存储单位是字节，因此数值数据是以字节为单位保存的。

如果用一个字节存放无符号的整数（只讨论整数），一个字节（8 位）从全 0 开始至全 1，

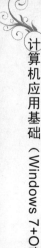

即（0000000）$_2$ 至（11111111）$_2$，它可以表示十进制 0 至 255（即 2^8-1）中的任一个数。

如果表示带符号的整数，则取出该字节的最左端（即最高位）用来表示符号，0 表示正号，1 表示负号，其后 7 位表示数值。一个字节可以表示的十进制整数范围是 -128（即-2^7）至$+127$（即 2^7-1），由于计算机的负数用补码表示（-128 是"10000000"），因此负数的绝对值比正数多 1 个。

事实上，计算机存储一个数值数据至少占用 2 个字节，如果用来存放无符号的整数，可以表示十进制数的范围是 $0\sim2^{16}-1$，即 $0\sim65\,535$。表示带符号的整数，前一个字节的最高位表示符号，后 15 位表示数值，十进制整数范围是 -32768（即-2^{15}）至 $+32767$（即 $2^{15}-1$）。如果数比较大，可以用 4 个字节或 8 个字节表示一个数，或者用浮点形式表示一个数。

1.4.6　ASCII 字符的表示

国内使用的字符主要有两类，一类是键盘字符，另一类是汉字字符。如果要让计算机存储和处理这些字符，首先要对字符进行编码。最常用的键盘字符编码是 ASCII 码，常用的汉字编码是国标码。

ASCII 是美国标准信息交换码（American Standard Code for Information Interchange）的缩写。它本来只是一个美国交换码的国家标准，但已经被国际标准化组织（ISO）接收为国际标准，为世界所公认，它是计算机尤其是微机普遍采用的一种编码方式，成为世界范围内微机的标准编码方案。

ASCII 字符编码就是规定用什么二进制码来表示字母、数字及一些专用符号。

标准的 ASCII 字符共有 128 个，其中包括英文大小写字母，$0\sim9$ 数字，33 个控制字符（即非打印字符，主要是控制计算机执行某一规定动作），以及常用的各种符号。如果用一个字节表示一个字符代码，一个字节从 00000000～11111111 有 256 种组合状态，即 $2^8=256$。标准 ASCII 字符只有 128 个，因此可以使用字节的低七位的不同组合表示 128 个字符代码，每一个 ASCII 字符固定对应低七位的某种组合状态，而最高位固定为 0。如 01000001 它代表大写字母 A，01100001 代表小写字母 a 等。

ASCII 码有 7 位版本和 8 位版本两种。国际上通用的标准的 ASCII 码是一种 7 位码，用 7 位码（$2^7=128$）表示的 ASCII 字符可参看表 1-1，其控制码含义参看表 1-2。

要确定一个数字、字母、符号或控制字符的 ASCII 码，可在表 1-1 中先查出它的位置，并确定它所在的行和列，根据行数可确定被查字符的低 4 位编码（b_3、b_2、b_1、b_0），根据列数可确定被查字符的高 3 位编码（b_6、b_5、b_4）。将高 3 位编码与低 4 位编码连在一起就是要查字符的 ASCII 码。

当微机采用 7 位 ASCII 码作机内码时，每个字节的 8 位只占用了 7 位，而把最左边的一位（最高位 b_7）置 0。

ASCII 码的新版本称为 ASCII8，它把原来的 7 位码扩展成 8 位码，又称扩展 ASCII 码，可以表示 256 个字符，每个字符的字节的最高位并不全是 0。

表 1-1　7 位 ASCII

$b_6b_5b_4$ $b_3b_2b_1b_0$	000	001	010	011	100	101	110	111
0000	NUL	DEL	SP	0	@	P	`	p
0001	SOH	DC1	!	1	A	Q	a	q

$b_3b_2b_1b_0$ \\ $b_6b_5b_4$	000	001	010	011	100	101	110	111
0010	STX	DC2	"	2	B	R	b	r
0011	ETX	DC3	#	3	C	S	c	s
0100	EOT	DC4	$	4	D	T	d	t
0101	ENQ	NAK	%	5	E	U	e	u
0110	ACK	SYN	&	6	F	V	f	v
0111	BEL	ETB	'	7	G	W	g	w
1000	BS	CAN	(	8	H	X	h	x
1001	HT	SUB	)	9	I	Y	i	y
1010	LT	EM	*	:	J	Z	j	z
1011	VT	ESC	+	;	K	[	k	{
1100	FF	FS	,	<	L	\	l	|
1101	CR	GS	–	=	M	]	m	}
1110	SO	RS	.	>	N	↑	n	~
1111	SI	HS	/	?	O	←	o	DEL

表 1-2　7 位 ASCII 码中的控制码含义

控制码	含义	控制码	含义	控制码	含义	控制码	含义	控制码	含义
NUL	空白	SOH	标题开始	STX	文本开始	ETX	文本结束	EOT	传输结束
ENQ	询问	ACK	应答	BEL	报警	BS	退格	HT	横向制表
LF	换行	VT	纵向制表	FF	走纸控制	CR	回车	SO	移位输出
SI	移位输入	DLE	数据换码转义	DC1	设备控制 1	DC2	设备控制 2	DC3	设备控制 3
DC4	设备控制 4	NAK	否认应答	SYN	同步	GS	组分隔符	ETB	信息组传输结束
CAN	作废	EM	纸尽	SUB	换置	ESC	换码	FS	文件分隔符
RS	记录分隔符	US	单元分隔符	DEL	删除			SP	空格(非控制符)

由于微机普遍采用 7 位编码方案，所以为计算机软件的通用性打下了良好的基础。

1.4.7　国标汉字的表示

计算机处理汉字必须具备汉字输入、汉字存储、汉字显示、汉字打印和汉字传输五大功能。实现每一项功能时，汉字的表示方法都不一样，所以，每个汉字都有五种表示方法，即输入码、内码、显示字模码、打印字模码和国标码。

1. 输入码

输入码也称外码。汉字输入技术主要表现在汉字的输入方式及对输入码的处理。汉字输入方式包括键盘输入、模式识别输入（如扫描仪、手写板等）和语音输入三种。虽然各有所长，但目前使用最多、最普及的仍是随机配置的西文键盘。键盘上无一汉字，为什么用户能利用键盘输入汉字？实际上，用户输入的并不是汉字本身，而是汉字代码，统称输入码或外码，它是与某种汉字编码方案相对应的汉字代码。输入汉字之前，用户可以根据需要自行选

第 1 章　计算机基础知识

定一种汉字输入码作为输入汉字时使用的代码。如区位码、智能 ABC 输入法、微软拼音、全拼、郑码、五笔等。然后再按当前选定的输入码所规定的编码规则把汉字、词输入进去。如"中国"两个汉字，区位码是 5448 和 2590，全拼是 zhong 和 guo，五笔型代码是 whig，这些都是输入码，是利用键盘进行输入的一种代码，这种代码位于人机界面之间。

输入码的种类很多，从早期的几百种到目前保留的 10 余种，它们是通过启动中文操作系统时（如中文 Windows），自动加载到内存中的汉字输入驱动程序支持的，每一种输入码都对应一种汉字输入驱动程序，它可把每个汉字的输入码转换成相应的且固定的代码，计算机才能保存。也就是说，无论采用哪种输入码输入汉字，到计算机内部都会转换成对应的代码，这种代码称为内码。

2. 国标码

计算机与其他系统或设备之间交换汉字信息的标准编码称为汉字国标码，亦称交换码。世界上大多数国家采用拼音文字，如英文、俄文、德文、法文等，字母数量少，字形简单，容易实现对文字信息的处理。汉字则不同，它是一种方块字，有 6 万左右，字量多且字形复杂，因此处理难度大。20 世纪 70 年代我国进行的字频统计结果表明，各类汉字使用的频度相差很大，其中有 3 755 个常用汉字使用频度最高，平均覆盖率可达 99.9%，这些汉字一般知道读音，故按拼音字母顺序排列较易检索，这部分汉字称为一级汉字，还有 3 008 个次常用汉字，如果再加上这些汉字，覆盖率可达 99.99%，基本能满足要求，这部分汉字一般不容易掌握读音，因此按偏旁部首顺序排列较易检索，这部分汉字称为二级汉字。为此，1981 年我国公布了《信息交换用汉字编码字符集——基本集》，代号 GB 2312—1980，简称国标码。国标码中，共收录一、二级汉字 6 763（3 755＋3 008）个，各种其他字符 682 个，包括数字、标点符号、英文字母、俄文字母、罗马字母、日文平假名、片假名及制表符等，共计 7445 个。处理汉字如输入、存储、传送等，往往并不直接处理汉字的字形，而是处理汉字的代码，这样实现起来比较容易及方便，因此每个字符或汉字就需要按一定的规则进行编码，就像发电报一样，发电报时并不直接发送汉字，而是发送电文中每一个汉字的代码，即电报码。GB2312—1980 也是一样，对字符和汉字进行了统一编码。

表 1–3 是 94 行×94 列的矩阵。在此方阵中，每一行、每一列都用代码表示，这样就构成了对这些字符、汉字的编码。表中外侧的代码称为内码，中间的代码称为国标码，都用十六进制数表示，内侧的代码称为区位码，用十进制数表示。表左侧第 1 列与上面第 1 行的 A1～FE 的十六进制数组合在一起表示内码，先行后列，由 4 位十六进制数组成，如"※"的内码是 A1F9，"祝"的内码是 D7A3；反之也是一样，内码 A2FB 是字符"Ⅵ"，内码 B0A1 是汉字"啊"。表左侧第 2 列与上面第 2 行的 21～7E 的十六进制数组合在一起表示国标码，先行后列，由 4 位十六进制数组成。如"※"的国标码是 2179，"祝"的国标码是 5723；反之也是一样，国标码 227B 是字符"Ⅺ"，国标码 3021 是汉字"啊"。表左侧第 3 列 01～94 的十进制数表示区码，上面第 3 行 01～94 的十进制数表示位码，描述一个字符或汉字的区位码时，区码在前、位码在后，由 4 位十进制数组成，当区码或位码是一位数时前面补 0。如"※"的区位码是 0189，"祝"的区位码是 5503；反之也一样，区位码 0291 是字符"Ⅺ"，区位码 1601 是汉字"啊"。

表1-3　内码、国标码、区位码对照表

内码			A1	A2	A3	…	AA	AB	…	AF	B0	B1	…	F9	FA	FB	FC	FD	FE
	国标		21	22	23	…	2A	2B	…	2F	30	31	…	79	7A	7B	7C	7D	7E
		区位	01	02	03	…	10	11	…	15	16	17	…	89	90	91	92	93	94
A1	21	01	、	。		…	—	~	…	'	"	"	…	※	→	←	↑	↓	=
A2	22	02	i	ii	iii	…	X		…	I.		…	IX	X	XI	XII		—
A3	23	03	!	"	#	…	*	+	…	/	0		…	y	z	{		}	—
…	…	…	…			…			…				…						
A8	28	08	ā	á	ǎ	…	í	ǐ	…	ǒ	ò	ū							
A9	29	09				…	┆	┆	…	┆	┌	┐							
…	…	…						空区											
B0	30	16	啊	阿	埃	…	蔼	矮	…	隘	鞍	氨	…	谤	苞	胞	包	褒	剥
B1	31	17	薄	雹	保	…	豹	鲍	…	悲	卑	北	…	冰	柄	丙	秉	饼	炳
D6	56	54	帧	症	郑	…	知	肢	…	织	职	直	…	柱	助	蛀	贮	铸	筑
D7	57	55	住	注	祝	…	转	撰	…	庄	装	妆	…	座					
D8	58	56	亍	丌	兀	…	鬲	孬	…	丿	乚	乇	…	亻	伬	伔	攸	伕	佝
D9	59	57	佟	佗	伲	…	伓	伂	…	依	伴	侍	…	赢	赢	冫	冱	冽	冼
F6	76	86	魟	鯟	鯯	…	霆	霁	…	霍	霭	霰	…	鳄	鳅	鳆	鳇	鳊	鳌
F7	77	87	鳌	鳍	鳎	…	鳖	鳙	…	鳢	鼦	鼢	…	齬	齲	齷	魠	鼾	齁
…	…	…						空区											
FE	7E	94	空区																

其中：

　　　　表中的1~9区是682个字符；10~15区为空，可以作为图形符号扩充区。

　　　　表中的16~55区是一级汉字3 755个。

　　　　表中的56~87区是二级汉字3 008个。

　　　　表中的87区以下为空，可作为汉字代码扩充区。

　　1995年底北大方正推出了GBK扩展国标字符集，包含21 003个汉字，支持全拼输入法。2000年我国又颁布了GB 18030—2000，其中共收录了27 000个汉字，用1个、2个或4个字节表示一个汉字代码，对计算机直接处理汉字进行了进一步的扩充。

3. 内码

　　汉字内码又称机内码、汉字ASCII码。ASCII字符和汉字都是以代码方式存储的。标准的ASCII字符共128个，用一个字节的低7位编码，高位置0，并规定前32个和最后1个是控制码，如换行、回车、报警、同步等，只起控制作用，表示执行某个动作。国标码有几千个字符和汉字，显然用1个字节不能进行编码，至少需要2个字节。

　　ASCII码与汉字同属一类，都是文字信息，系统处理时很难辨别连续的2个字节代表的是2个ASCII码还是1个汉字代码。为解决这个问题，汉字系统中普遍采用把表示1个汉字

的 2 个字节最高位都固定为 1，等于把每个字节在国标码的基础上再加（128）$_{10}$。这种代码称为内码。无论使用哪种汉字输入方法输入汉字，计算机存储的内码都是唯一的，它是存储、运算和传输的统一代码，而且能与 ASCII 码完全区分开来。2 个字节的首位固定为 1，2 个字节后 7 位联合起来的不同组合（除每个字节前 32 种组合外），用来存储 GB 2312—1980 字符集中的一个字符内码或汉字内码。

4. 汉字的显示与打印

计算机显示和打印的所有字符，都可以用点阵描述它的笔画。如果用二进制数的 0 代表屏幕上的暗点，1 代表亮点，那么任何一个字符都可以用一串二进制的数表示，这种方法称为点阵的数字化，用二进制数表示的字符点阵称为字模（也称字形）。英文字符一般用长方形点阵表示，每一种字体的字符集都有其相应的字模库。汉字是方块字，字形复杂，有一笔画的，也有几十笔画的，为表示所有汉字及字形大小统一，汉字的字模用正方形点阵描述。首先把汉字图形分解成点置于网格上，有点的地方写 1，无点的地方写 0，然后把它放到存储器中以备输出所用。图 1–8 是 16×16 的"中"字，涂黑的网格中是 1，显示时屏幕上会打出亮点，0 是暗点（不打点），打印机输出也是如此。

从图 1–8 的示例中可以看出，一个汉字字模的每一行是两个字节，共 16 行，因此一个汉字字模需要（2×16）32 个字节，国标字符集中有 7 445 个字符和汉字，这些全部汉字字模的集合称为汉字字模库，简称汉字库。如果不以压缩方式存储，需要（32×7 445）238 240 个字节，约占 240 KB 存储空间。如果是 24×24 点阵字模，一个汉字字模需要（3×24）72 个字节，字库将占用 540 KB 左右的存储空间。点阵数越高，汉字字模的质量也越好，但每个汉字点阵的存储容量也会越大。

计算机显示器出现的汉字和打印机输出的汉字实际上是汉字字模的映射。显示时，系统首先把需要显示的汉字内码放到显示缓冲区，然后根据汉字内码从汉字库中检索出该汉字字模，再将点阵数据转换成视频信号送往屏幕输出。打印机很多自含汉字库，只需把汉字内码直接送往打印机即可打印输出。对无汉字库的打印机只能通过打印驱动程序，将汉字点阵送往打印机以图形方式打印输出。

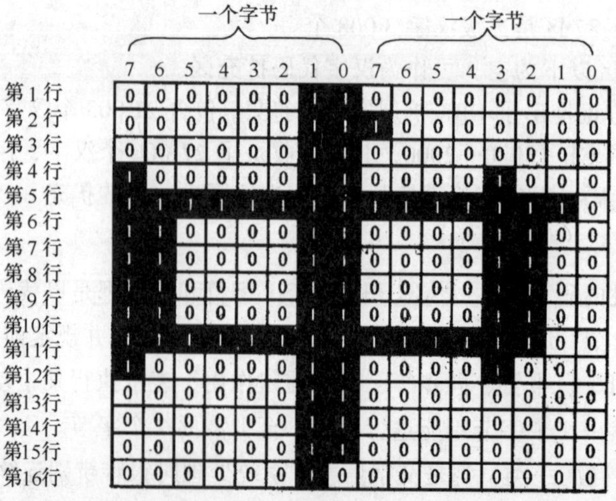

图 1–8　汉字"中"字 16 点阵字模示例

计算机支持几十种中英文字体，如西文的 Arial、Times New Roman；中文的宋体、楷体、黑体、隶书等。每一种字体都有一个相应的字库支持，如启动 Windows 操作系统后，在 C：\WINDOWS\Fonts 文件夹下，使用"详细信息"命令，可以浏览机器中当前已安装的所有字体的字库，每个字库中包含了从 12 点阵到 72 点阵的不同字号。从图 1-9 中还可以看到它所占用的存储空间，文档中设置的各种字体都是靠这些字库的支持。

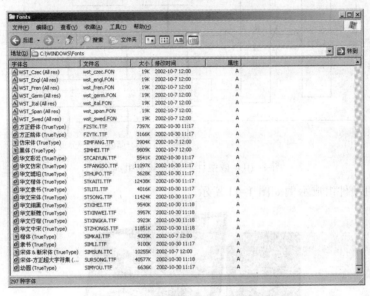

图 1-9　Windows 的 Fonts（字体）窗口

编辑文档时，字号的大小是可以选择的，只要不超出它所规定的极限值，对同一种字体的每个字符都可以任意地放大或者缩小。

一个 ASCII 码用一个字节存储，显示 ASCII 字符时在屏幕上占一个标准字符宽度，称为半角字符；一个汉字内码用两个字节存储，显示国标汉字时（包括其中的各种符号），应该占两个标准字符位置，称为全角字符。如"A，B，C，D"与"Ａ，Ｂ，Ｃ，Ｄ"，看起来没什么大的区别，但前者输入的是 ASCII 字符，后者是国标字符，是两个不同字符集中的字符。

1.5　微型计算机的性能和硬件组成

1.5.1　总线结构

微型计算机的系统总线从功能上分为地址总线、控制总线和数据总线。

（1）地址总线。地址总线是单向总线，主要用来传送地址信息。CPU 通过地址总线把需要访问的内存单元地址或外部设备端口地址传送出去。地址总线的宽度决定了 CPU 的最大寻址能力，直接影响计算机的运行。

（2）控制总线。控制总线用来传送控制信息，以协调各部件的操作。控制信息包括 CPU 对接口电路和内存储器的读/写信号、中断响应信号等，也包括其他部件送给 CPU 的信号，如中断申请信号、准备就绪信号等。

（3）数据总线。数据总线的传输方向是双向的，用来传送数据信息，是 CPU 同各部件交换

信息的通路。数据总线的位数和微处理器的位数是相一致的，是衡量微型计算机运算能力的重要指标。

微型计算机的组成框图如图 1-10 所示。

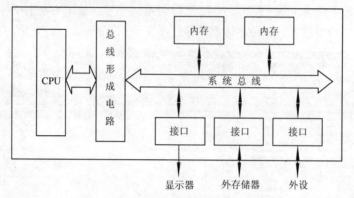

图 1-10　微型计算机的基本组成图

微型计算机硬件组成示例如图 1-11 所示。

图 1-11　微型计算机硬件组成示例图

1.5.2　计算机的主要性能指标

通常所说的计算机的性能指标主要有以下几个方面：

1. 运算速度

计算机的运算速度是衡量计算机性能的一项重要指标，它取决于指令执行时间，即用计算机每秒可以执行的指令条数来衡量计算机的速度。常用单位是 MPS（百万条指令每秒）和 GPS（十亿条指令每秒）。

2. 字长

字长是指计算机一次能直接处理的二进制数据的位数。字长是由 CPU 内部的寄存器、加法器和数据总线的位数决定的。字长的大小直接关系到计算机的运算精度。字长越长，精确度越高，速度越快，但价格也越高。

3. 主频（时钟频率）

主频也称时钟频率，它是指 CPU 在单位时间（秒）内所发出的脉冲数，单位为 MHz（兆赫兹）。它在很大程度上决定了计算机的运算速度，主频越高，运算速度就越快。通常人们在购买 CPU 时会把主频作为一个重要的参数来考虑。

4. 内存容量

内存大小表示存储数据的容量大小，计算机中一般以字节为单位，内存单位一般为 MB 或 GB。内存越大，其运算速度也就越快，并且处理数据的范围就越广。目前一般计算机的内存大小为 2GB 或者 4GB，有的达到 8GB 或更高。

5. 磁盘容量

磁盘容量就是硬盘和其他磁盘的存储空间大小，它反映了计算机存取数据的能力。

6. 存取速度

存储器完成一次读/写操作所需要的时间称为存储器的存取时间或访问时间。存储器连续进行读/写操作所允许的最短时间间隔称为存取周期。存取周期越短，则存取速度越快，它是反映存储器性能的一个重要参数。通常，存取速度的快慢决定了运算速率的快慢。

7. 系统的可靠性

可靠性是指在给定时间内，计算机系统能正常运转不出错的概率。可靠性越高，则计算机系统的性能越好，出错率越小。一般用平均无故障时间来衡量。

1.5.3 微型计算机硬件基本配置

1. CPU

CPU 是计算机系统的核心部件，包括控制器和运算器两大部件。其性能的好坏直接决定了计算机系统的档次。CPU 厂商的典型代表是 Intel 公司和 AMD 公司，目前普遍使用的是双核和四核处理器。CPU 的主要技术指标之一是主频（时钟频率）。架构及核心数相同，主频越高，CPU 的运算速度越快，当然性能也越好。图 1-12 所示为 CPU（中央处理器）示例。

图 1-12　CPU（中央处理器）示例图

2. 存储器

存储器是有记忆功能的部件，可将用户的数据及中间计算处理结果存入其中。当程序执行时，由控制器将程序从存储器中逐条取出并执行指令，执行的中间结果又存回到存储器，所以存储器的作用就是存储程序和数据。存储器可分为内部存储器和外部存储器。

1）内部存储器

内部存储器由大规模集成电路存储器芯片组成，用来存储计算机运行中的各种数据。其特点是存取速度快，但存储容量较小。内部存储器分为随机读/写存储器（Random Accessed Memory，RAM）和只读存储器（Read Only Memory，ROM）以及高速缓冲存储器（cache）。

（1）随机读/写存储器（Random Access Memory，RAM）。RAM 中的内容可随时按地址进行存取，其特点是既可以读出其中的内容，也可以向其写入数据，因此称为随机读/写存储器。人们通常所说的内存实际上指的是以内存条的形式插在主板内存插槽中的 RAM，常见的内存条有 512 MB、1 GB、2 GB、4 GB、8 GB 等多种。需要指出的是，计算机断电后，RAM 中的数据将丢失。因此，用户在操作计算机的过程中应养成随时存盘的习惯，以防断电丢失数据，如图 1-13 所示为内存产品示例。

图 1-13　内存条示例图

（2）只读存储器（Read Only Memory，ROM）。ROM 用于存放内容不变的信息，其特点是只能读出其中的内容，断电后信息不会丢失，故称为只读存储器。ROM 是由厂家在生产时用专门设备写入的，用户不能修改，一般用来存放自检程序、配置信息等。最典型的 ROM 是主板上的 BIOS，固化了基本输入/输出系统 BIOS（Basic Input and Output System）和 CMOS 设置程序。BIOS 由一系列系统服务程序组成，如上电自检程序、系统自检程序及系统基本输入/输出设备（键盘、显示器、硬盘和数据通信端口等）驱动程序等。

（3）高速缓冲存储器（Cache）。Cache 位于内存和 CPU 之间，是一种存取速度高于内存的高速缓冲存储器，简称高速缓存，它是为了缓解 CPU 与内存之间速度不匹配而引入的存储器，可以解决 CPU 与内存之间的速度匹配问题。Cache 的容量也是微型计算机硬件的一个重要的技术指标。

Cache 工作过程是：当 CPU 从内存中读取数据时，把附近的一批数据读入 Cache。CPU 再要读取数据时，首先从 Cache 中取；如果数据不存在，再从内存中读取。这样，可以大大降低 CPU 直接读取内存的次数，减少 CPU 等待从内存读取数据的现象，从而提高计算机的运行速率。

当今的 CPU 的速率越来越快，它访问数据的周期甚至达到了几纳秒，而 RAM 访问数据的周期最快也需要 50 ns，计算机在工作时 CPU 频繁地和内存交换数据，当 CPU 从内存中读取数据时，就不得不进入等待状态，放慢了运行速度，因此极大地影响了计算机的总体运行速率和性能。为了有效地解决这个问题，协调这二者之间的速度不匹配，在内存和 CPU 之间设置了一个与 CPU 速度接近的、高速的、容量相对较小的存储器，把正在执行的指令地址附近的一部分指令或数据从内存调入该高速缓冲存储器，以便 CPU 在一段时间内使用。这对提高程序的运行速率有非常大的作用。

2）外部存储器

外部存储器一般由磁介质或光电设备构成。其特点是容量大、价格低、断电后可长期保存信息，但缺点是存取速度相对较慢。常用的外存有硬盘、移动磁盘（移动硬盘或 U 盘）及光盘等。

（1）软磁盘存储器。软磁盘存储器由软盘和软盘驱动器组成，现已很少使用。软盘驱动器是读、写装置，微型计算机上常用的软盘尺寸为 3.5 in，目前绝大多数计算机上已经没有软盘了。软盘是一种价格便宜的可移动存储介质，其外层是方形塑料封套，内层为表面涂有磁性材料薄层的塑料圆盘。软盘基本上是容量为 1.44 MB 的 3.5 in 盘（简称 3 英寸盘），如图 1-14 所示。

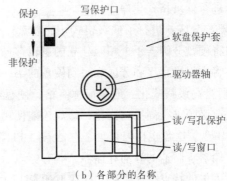

（a）外形　　　　　　　　　（b）各部分的名称

图 1-14　软盘示例

　　软盘的封套上有一个可移动的滑动盖，起保护读/写窗口的作用。封套上还有一个称为写保护口的小方孔，在它的反面有一块可移动的小塑料滑块。如果移动滑块露出小孔，软盘就处于写保护状态，即只能从该盘读取数据，而不能写入数据。

　　新软盘在使用前要进行格式化。格式化的目的之一是对磁盘划分磁道和扇区。软盘的每一面划分成许多半径不同的同心圆，即磁道，每个磁道被划分成相同个数的扇区，每个扇区存储 512 B 的数据。软盘的存储容量按如下公式来计算：

　　　　软盘容量（KB）= 面数 × 每面磁道数 × 每个磁道扇区数 × 512/1 024

　　软盘有两个面，每面 80 磁道，每磁道 18 扇区，它的容量是 $2 \times 80 \times 18 \times 512$ B/1 024 = 1440 KB，通常称为 1.44 MB。

　　（2）硬盘存储器。硬盘是计算机最主要的存储设备，也称外存，计算机使用的绝大多数数据及人们建立的各种文档，都存储在计算机硬盘中。硬盘是一种高密度盘，不能随便拆卸、震动。它容量比较大，存取速度快。硬盘是计算机最主要的外部存储器，硬盘容量是硬盘的主要性能指标，目前广泛使用的硬盘容量一般都是 160 GB、320 GB、500 GB 等，其次是硬盘的速度，衡量硬盘速度的性能指标有很多，主要是每分钟转的转数（硬盘的速度7 200 r/min）、平均寻道时间、平均访问时间、数据传输速率等。硬盘的接口有串口和并口之分，图 1-15 所示为硬盘产品示例。

图 1-15　硬盘产品示例

　　最新的硬盘必须经过以下三步操作后才能使用：硬盘低级格式化、硬盘分区和硬盘高级格式化。

　　① 硬盘低级格式化：通常也称低格，是对一个新硬盘进行磁道和扇区的划分，该工作

一般由生产厂家完成。一般情况下用户不要对硬盘进行低格，只有硬盘被严重破坏时，用户才对硬盘进行低级格式化操作。

② 硬盘分区：进行了低级格式化的硬盘还是不能使用，必须用硬盘分区命令进行分区处理，即将硬盘分为若干个相互独立的逻辑存储区，又称逻辑盘，如 C 盘、D 盘、E 盘、F 盘等，并将主引导程序和分区表写到硬盘的第一个扇区中。分区后的硬盘才能被系统识别。

③ 硬盘高级格式化：通常简称高格，硬盘经过分区形成了若干个逻辑盘，每个逻辑盘在使用之前必须进行高级格式化，然后才能使用。

（3）U 盘。U 盘也称闪存盘，它是采用 Flash Memory（一种半导体存储器）制造的移动存储器，具有掉电后还能够保持存储的数据不丢失的特点。一般将它接在 USB 接口上，因此被称为 U 盘。U 盘的体积非常小，比起硬盘来，存取速度要快得多，其价格也较贵些，如图 1–16 所示为 U 盘产品示例。

图 1–16　U 盘产品示例

3. 光驱

光盘存储器是利用激光在磁性介质上存储信息。光盘的特点是存储量大，信息保存寿命长，环境要求低，工作可靠稳定。光盘存储器系统由光盘、光盘驱动器和光盘控制适配器组成，如图 1–17 所示。

图 1–17　光驱产品示例

4. 主板

主板是计算机系统中最大的印制电路板，由印制电路板、CPU 插座、控制芯片、COMS 只读存储器、Cache 存储器、各种扩展插槽、键盘插座、各种连接插座和各种开关及跳线组成，如图 1–18 所示。

图 1–18　主板

1）CMOS 只读存储器

CMOS 只读存储器中装载着 BIOS 程序，负责处理主板与操作系统之间的接口问题，功能是对 CPU 及有关的接口部件进行初始化；对计算机进行开机自检；帮助系统从驱动器中寻找操作系统的引导程序，并向内存中装入引导程序；运行 Setup 程序对系统的硬件进行设置。当开机后，用户按【Del】键或【F1】键即可设置 BIOS 参数。然后按【F10】键保存。

2）I/O 扩充插槽

在主板上备有一些扩充插槽，用来插入部件或连接外部设备。通过扩充插槽接通总线，就可以实现与 CPU 的信息交换，从而实现系统的扩充及与外设的连接。目前主板上的扩充插槽有 PCI 和 PCI-E 插槽。

3）外围设备连接口

主机与外围设备通过外设接口连接。目前主板上一般都设有两个串行接口（COM1 和 COM2）、两个并行接口（LPT1、LPT2）、新型通用串行总线接口（USB）及鼠标、键盘接口。通常，打印机连接在 LPT1 或者 USB 上，鼠标、键盘连接在 PS/2 或者 USB 接口上，扫描仪、数码照相机、U 盘、MP3 连接也都接在 USB 接口上。

5. **输入设备**

输入设备是向计算机输入程序、数据和命令的部件。常见的输入设备有键盘、鼠标、光笔、扫描仪、纸带输入机、数码照相机、声音识别输入等。

1）键盘

键盘由一组按阵列方式装配在一起的按键开关组成。每按下一个键，就相当于接通了一个开关电路，计算机通过接口电路把该键的 ASCII 读入计算机。目前微型计算机的标准键盘有 101（或 104）键盘，如图 1-19 所示。

图 1-19　键盘

2）鼠标

鼠标也是输入设备，其用途是进行光标定位和完成某种特定输入功能。就是因为鼠标方便移动及定位，所以在一些软件中，使用鼠标比键盘更方便。

常见的鼠标有机械式鼠标、光电鼠标及无线鼠标等。鼠标有三个按钮的和两个按钮的，按照从左到右的顺序排列，它们分别称为左键、中间键和右键，中间键不常用，一般常用的是鼠标左键和右键，如图 1-20 所示。

鼠标的操作有下面几种方法：

（1）指向：指向一个对象就是将鼠标指针移动到屏幕上的特定位置（对象所在的位置）。

（2）单击：单击就是先指向要操作的对象，按下鼠标左键，然后迅速地放开左键。

（3）双击：双击就是先指向要操作的对象，快速地连续按下鼠标键两次，也就是快速地单击两次。两次按下按钮的间隔必须很短，否则计算机就认为是单击两次。

图 1-20　鼠标产品示例

（4）右击：用鼠标右键进行单击的操作，称为右击。

（5）拖动：拖动就是先将鼠标指针指向要操作的对象上，按下鼠标左键不松开，然后移动鼠标，将对象移动到指定位置后，释放鼠标左键。

（6）滚动：鼠标中间键镶嵌一个小轮。在支持智能鼠标的应用程序中（如 Office 2010 中），滚动该小轮就可以实现文档的上下滚动，也就是完成拖动滚动块的任务。

3）扫描仪

扫描仪可以把图形、图像信息输入到计算机中，形成图形文件，如图 1-21 所示。

图 1-21　扫描仪产品示例

6. 输出设备

输出设备是将计算机内部二进制形式的信息转换成人们所需要的或其他设备能接受和识别的信息形式。常见的输出设备有显示器、投影仪、打印机、绘图仪、扬声器等，下面对显示器、打印机和绘图仪进行简要介绍。

1）显示器

显示器又称监视器，是计算机必备的输出设备，其作用是把计算机处理的数据信息变成各种直观的文字及图形显示出来。显示器有阴极射线管显示器（CRT）和液晶显示器（LCD）等。图 1-22 所示为显示器产品示例图。

图 1-22　显示器产品示例图

分辨率是指扫描线数与扫描点数的多少，严格地说：分辨率=扫描点×扫描线数，例如，我们说某一显示器分辨率为 1 280×960 就是指每行扫描点为 1 280 个，每帧扫描线数为960。上述两个数字越大，表示分辨率越高，显示的字符和图像越清楚，当然价格也就愈贵。

2）打印机

打印机可以将计算机的运行处理结果直接在纸上输出。打印机按打印技术分为两大类：击打式与非击打式。

击打式包括针式打印机；非击打式包括激光打印机、喷墨打印机、热敏打印机及静电打印机。目前比较常用的打印机有激光打印机。图 1-23 所示为打印机产品示例图。

图 1-23　打印机产品示例图

3）绘图仪

绘图仪是一种输出图形的输出设备，可以绘制各种平面、立体的图形，已成为计算机辅助设计（CAD）中不可缺少的设备。

1.6　计算机病毒及其防治

计算机病毒的实质对计算机来说是一种程序，它能够进行自我复制快速传播，对数据、程序及各种信息进行干扰和破坏，影响计算机的正常工作，甚至导致系统瘫痪，危害性极大。下面简要介绍计算机病毒的基本情况和计算机病毒的防治措施。

1.6.1　计算机病毒概况

1. 计算机病毒的定义

计算机病毒（Computer Virus）是一种人为有意编制的特制程序。它具有自我复制能力，通过系统数据共享的途径，非法入侵而隐藏在计算机系统的数据资源中，进行繁衍并生存，影响计算机系统的正常运行，尤其在网络互联时代，传播性和破坏性更加突出。

病毒是人为编制的程序，因此多数病毒可以找到作者信息和产地信息。这些作者往往处于多种目的，如为了表现自己或证明自己的能力；为盗版软件预留陷阱，甚至故意破坏等。随着网络的发展，病毒也在发展。高级病毒不仅仅持有以往绝大多数病毒那种"恶作剧"的目的，它还会盗取、扰乱、破坏社会的信息资源，以达到其目的。

根据国际计算机安全组织估计，目前计算机病毒已达 6 万余种，常见的有 3 百种左右，而且每天仍以 4～6 种的速度继续增长。

2. 计算机病毒的起因

20 世纪 60 年代初，美国贝尔实验室的 3 个年轻程序员编写了一个名为"磁芯大战"的游戏。游戏中通过复制自身来摆脱对方的控制，这就是所谓"病毒"的第一个雏形。

第 1 章　计算机基础知识

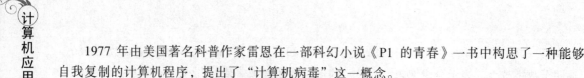
1977 年由美国著名科普作家雷恩在一部科幻小说《P1 的青春》一书中构思了一种能够自我复制的计算机程序，提出了"计算机病毒"这一概念。

1983 年 11 月，在国际计算机安全学术研讨会上，美国计算机专家首次将病毒程序在 VAX/750 计算机上进行了实验，世界上第一个计算机病毒就这样"出生"在实验室中。

20 世纪 80 年代后期，巴基斯坦有两个以编制软件为生的兄弟，他们为了打击那些盗版软件的使用者，设计出了一个名为"巴基斯坦智囊"的病毒，该病毒只传染软盘引导程序。这就是最早在世界上流行的一个真正的病毒了。

3. 计算机病毒的特征

1）传染性

传染性是计算机病毒的重要特征。传染是指病毒从一个程序体进入另一个程序体的过程，它会通过各种途径尤其是网络，搜寻符合其传染条件的程序或存储介质，确定目标后将自身代码插入其中，达到自我繁殖的目的。病毒本身是一个可执行程序，因此，正常的程序运行途径和方法，也就是病毒运行传染的途径和方法。目前通过网络进行传播已经成为计算机病毒的第一传播途径。

2）隐蔽性

病毒程序一般设计得比较短小，便于隐藏，不易察觉，通常附在正常程序中或磁盘较隐蔽的地方进行传播。受到传染后的计算机系统通常仍能继续工作，使用户不会感到任何异常，如果计算机一经感染马上就无法正常运行，那么病毒本身也就无法继续传染下去了。正是由于这种隐蔽性，计算机病毒可能在用户没有察觉之前，就已悄悄地扩散给了成千上万台机器。所以病毒发作之前一般很难发现，一直会处于隐蔽状态，一经发现，系统实际上已被感染。

3）破坏性

任何病毒只要侵入系统，都会对系统及应用程序产生不同程度的影响。轻者会降低计算机工作效率，占用系统资源，重者会对正常程序和数据进行增、删、改、移，以致造成局部功能的残缺，系统的瘫痪，甚至还能导致硬件的损坏。按破坏程度的大小可将病毒分为良性与恶性两大类。良性病毒可能会改变一下屏幕画面、响点音乐、出现无聊的语句，或者根本没有任何破坏动作，但会占用系统资源。恶性病毒则有明确目的：删除数据和文件、加密磁盘、格式化磁盘、破坏磁盘引导区和文件分配表等，造成系统无法启动、无法运行，经常死机，甚至毁坏机器的某些硬件。

4）可激发性

大部分的病毒感染系统之后一般不会马上发作，它能长期隐藏在系统中，只有在满足其特定条件时才发作。可激发性是指计算机病毒危害的条件较低。是满足一定条件才发作，还是立刻就发作，实质是一种可控制的逻辑"炸弹"。激发条件是病毒设计者在病毒程序中预先设定的，可以是日期、时间、文件名、人名、密级等，也可以一经侵入立刻发作。

4. 计算机病毒及主要传播途径

计算机病毒借助网络的应用爆发流行，日益猖獗。如 CIH 病毒、宏病毒、红色代码病毒、尼姆达病毒、求职信病毒、新爱虫病毒、新欢乐时光病毒、美丽杀病毒、幽灵病毒、2003 蠕虫王病毒、硬盘杀手病毒、妖怪病毒、冲击波病毒等及各种各样的变形病毒。

另外，一种流传到国内的子母弹（Demiurge）病毒，一旦被激活，会像"子母弹"一样，分裂出多种类型的病毒分别攻击并感染计算机中不同类型的文件。还有一种名为"病毒生产机"的病毒软件，可以用来生产成千上万种新病毒。目前国际上已有上百种这样的软件，用非常简单的操作即可设计出非常复杂的具有偷盗和多形性特征的病毒。

黑客软件本身并不是一种病毒，它实际上是一种通信软件，而有些黑客却利用它所具有的独特功能通过网络非法进入他人计算机系统，获取或篡改各种数据，危害信息安全。正是由于黑客软件直接威胁广大网民的数据安全，而用户手工很难对其进行防范，因此各大反病毒厂商纷纷将黑客软件纳入病毒范围，利用杀毒软件将黑客从用户的计算机中驱逐出去。

病毒的主要传播途径有：

（1）通过移动存储设备传播。如光盘、各种可移动盘、磁带等。

（2）通过计算机网络进行传播。随着 Internet 的飞速发展，计算机病毒也走上了高速传播之路，现在通过网络传播已经成为计算机病毒的第一传播途径。

（3）通过点对点通信系统或者无线通信系统传播。

5. 计算机病毒的危害

计算机病毒的危害体现了它的杀伤能力，其危害程度取决于病毒作者的主观愿望和他所具有的技术能量。数以万计的病毒，其破坏行为千奇百怪，很难全面地描述，病毒的表现形式和危害主要表现在：

（1）攻击系统数据区。如硬盘主引导扇区、Boot 扇区、FAT 表、文件目录。一般情况攻击系统数据区的病毒是恶性病毒，受损的数据不易恢复。

（2）攻击文件。如删除、改名、替换内容、丢失部分程序代码、内容颠倒、写入时间空白、变碎片、假冒文件、丢失文件簇、丢失数据文件等。

（3）攻击内存。内存是计算机的重要资源，因此也是病毒攻击的重要目标之一。病毒额外地占用和消耗系统的内存资源，可以导致一些大程序受阻。病毒攻击内存的方式如下：占用大量内存、改变内存总量、禁止分配内存、蚕食内存。

（4）干扰系统运行。如不执行命令、干扰内部命令的执行、虚假报警、打不开文件、内部栈溢出、占用特殊数据区、变更当前盘、时钟倒转、重新启动、死机、强制游戏、扰乱串行口和并行口等。

（5）运行速度下降。病毒激活时，延迟程序启动，在时钟中纳入了时间的循环计数，迫使计算机空转，计算机运行速度明显下降。

（6）攻击磁盘。攻击磁盘数据、不写盘、写操作变读操作、写盘时丢失字节。

（7）扰乱屏幕显示。如字符跌落、环绕、倒置、显示前一屏、光标下跌、滚屏、抖动、乱写、乱吃字符。

（8）干扰键盘操作。如响铃、封锁键盘、换字、抹掉缓存区字符、重复、输入紊乱。

（9）喇叭输出异常。病毒通过喇叭发出各种声音。如演奏曲子、警笛声、爆炸声、鸣叫声、喳喳声、滴答声等。有的病毒在演奏旋律优美的世界名曲的同时，残杀着计算机中的信息资源。

（10）攻击 CMOS。在计算机的 CMOS 区中，保存着系统的重要数据。如系统时钟、磁盘类型、内存容量等。有的病毒激活时，能够对 CMOS 区进行写入动作，破坏系统 CMOS 中的数据，导致系统瘫痪。

（11）干扰打印机。如假报警、间断性打印、更换字符等。

1.6.2　计算机病毒的防治

任何一种病毒均有一定标志与特征，可以用人工处理的方法，修改系统的一些参数或设置，经常检查系统的一些状况。根据病毒的表现形式确定其位置，删除病毒恢复正常数据。这种处理方法技术含量较高，对一般的普通用户来说比较困难。普通用户防治病毒的有效方法：一是加强防范意识、管理到位；二是依靠防杀计算机病毒软件。

1. 计算机病毒的基本防范措施

（1）对重要的数据和程序经常进行备份，不要存在侥幸心理。

（2）安装真正有效的防毒软件，并经常进行升级。

（3）生成一张干净的系统引导盘，并将常用的工具软件复制到该光盘加以写保护，一旦系统无法启动，可使用该盘引导系统，然后进行检查、杀毒等操作。

（4）不使用盗版或来历不明的软件，特别不能使用盗版的杀毒软件。

（5）对外来程序尽可能利用查毒软件进行检查（包括从硬盘、局域网、Internet、E-mail中获得的程序），未经检查的可执行文件不要复制到硬盘，更不能使用。

（6）随时注意计算机的各种异常现象（如速度变慢、出现奇怪的文件、文件尺寸发生变化、内存容量减少等），一旦发现，应立即用杀毒软件仔细检查。

（7）尽量不要使用软盘启动计算机。

（8）新购买的计算机使用之前首先进行病毒检查，以免机器带毒。

2. 使用国产反病毒软件

我国研发的反病毒软件已步入世界先进行列，目前国内有十几家公司推出了一些优秀的反病毒软件，对国内外已经出现的计算机病毒均有明显的查杀功能。如北京金山软件股份有限公司的金山毒霸系列杀毒软件；北京瑞星科技股份有限公司的系列杀毒软件等。

这些杀毒软件是专门针对目前流行的网络病毒研制开发的产品，多项最新技术的应用有效提升了对未知病毒、变种病毒、黑客木马、恶意网页等新型病毒的查杀能力，在降低系统资源消耗、提升查杀毒速度、快速智能升级等多方面进行了改进，是保护计算机系统安全的必备工具软件。

杀毒软件一般制作在光盘上，并配有钥匙软盘。首先按照产品说明书的要求把杀毒软件安装到硬盘，然后启动杀毒软件，它将出现一个窗口或对话框，再根据需要对某些功能进行设置，如自动监控、病毒防火墙、网页防火墙、邮件防火墙等，使杀毒软件对机器进行实时监测，跟踪对文件的各种操作，查杀本机病毒和联网时入侵的病毒。

启动杀毒软件可单击桌面"开始"按钮，在打开的开始菜单中选择"程序"，在"程序"级联菜单中选择已安装的杀毒软件；也可以直接双击桌面底部任务栏右侧的杀毒软件图标。

需要注意的是，反病毒软件并不能预防和清除一切病毒，而且也不会自动纠正、恢复病毒破坏的数据和程序。病毒产生在先，诊治手段在后，查杀病毒的手段总是跟在一些新病毒的后面发展，新型病毒怪招百出，很难预计今后病毒会发展到什么样子，因此也就很难开发出具有先知先觉功能的，能够自动查杀一切病毒的反病毒软硬件和工具。反病毒软件能够预防、查杀已知名和部分未知名的病毒。因此，机器安装了某一杀毒软件后（不要在同一机器上安装多个，避免它们之间产生冲突），最好经常进行该版本的升级，通过 Internet 从网上下载最新版本，以防最新病毒的入侵。

第 2 章

学习目标

- 掌握操作系统的基本概念及功能。
- 掌握 Windows 7 系统的基本操作方法。
- 掌握使用 Windows 7 系统进行文件管理的方法。
- 掌握使用控制面板的进行系统管理的方法。

2.1 操作系统的基本概念

2.1.1 操作系统的定义

操作系统（Operating System，OS）就是为了使计算机系统的软、硬件资源协调一致、有条不紊地工作，并进行统一管理和合理调度资源，为用户提供良好工作界面的一组程序的集合。操作系统是最基本的系统软件，是用于管理和控制计算机全部软件和硬件资源、方便用户使用计算机的一组程序，是运行在硬件上的第一层系统软件，其他系统软件和应用软件必须在操作系统的支持下才能运行，它是软件系统的核心。

操作系统是计算机硬件与其他软件的接口，也是用户和计算机的接口。操作系统使计算机功能更强，安全性和可靠性更高。

2.1.2 操作系统的功能

操作系统作为计算机资源的管理者，是一个庞大的管理控制程序，它的主要功能是对系统的软、硬件资源进行合理而有效的管理和调度，提高计算机系统的整体性能。从完成管理任务的角度看，操作系统具有处理器管理与进程管理、存储器管理、设备管理、文件管理和作业管理等功能。

1. 处理器管理与进程管理

处理器管理是指对处理器（CPU）资源进行的管理。处理器管理的任务就是解决如何把 CPU 合理、动态地分配给多道程序进程，从而使得多个处理进程同时运行而互不干扰，极大地发挥处理器的工作效率。

2. 存储器管理

存储器管理是指对主存储器资源的管理，就是要根据用户程序的要求为用户分配主存区

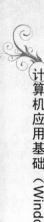

域。当多个用户程序同时被装入主存储器后，要保证各用户的程序和数据互不干扰；当某个用户程序结束时，要及时收回它所占用的主存区域，以便再装入其他待运行的程序，从而提高内存空间的利用率。

3. 设备管理

设备管理是指对所有外围设备的管理。它是操作系统中外围设备和用户之间的主要接口，主要负责分配、回收外围设备及控制外围设备的运行，采用通道技术、缓冲技术、中断技术和假脱机技术等充分而有效地提高外围设备的利用率。

4. 文件管理

文件管理是指对数据和程序信息资源的管理。文件管理的主要任务是负责文件的存储、检索、共享、读/写、修改、删除、保护和安全等，为用户提供简便使用文件的方法。文件管理的作用是合理地划分外存空间，使用户文件按名存取。

5. 作业管理

完成一个独立任务的程序及其所需的数据组成一个作业，也即作业是指用户在一次事务处理过程中，要求计算机系统所做工作的集合。作业管理是对用户提交的诸多作业进行管理，包括作业的组织、控制和调度等，尽可能高效地利用整个系统的资源。

2.1.3 操作系统的分类和特点

经过半个多世纪计算机技术的迅速发展和市场的激烈竞争，出现了各种各样的操作系统，功能差异也很大，已经能够适应各种不同的应用和各种不同的硬件配置。

操作系统有各种不同的分类标准，常用的分类标准：以是否能够运行多个任务的标准分类，以与用户对话的界面分类，以能够支持的用户数为标准分类，也可以以操作系统的功能分类。

1. 以是否能够运行多个任务为标准分类

（1）单任务操作系统：在这类操作系统中，用户一次只能提交一个任务，待该任务运行处理完毕后才能再提交下一个任务。如磁盘操作系统 DOS。

（2）多任务操作系统：在这类操作系统中，系统可以同时接受并运行用户一次提交的多个任务。如 Windows 系列、UNIX 等。

2. 以与用户对话的界面分类

（1）字符界面操作系统：在此类操作系统中，用户只能在命令提示符后（如 D:\> ）输入命令才能操作计算机。例如，要运行一个程序，则应在命令提示符下输入程序名并按【Enter】键才能运行。常见的字符界面操作系统有磁盘操作系统 DOS。

（2）图形界面操作系统：在这类操作系统中，每一个文件、文件夹和应用程序都可以用图标来表示，所有的命令都以菜单或按钮图标的形式给出。故要运行一个命令或程序，无须知道命令的具体格式和语法，只要使用鼠标对菜单或图标进行单击或双击即可，也可以使用键盘选中按【Enter】键运行。常见的图形界面操作系统有 Windows 系列。

3. 以能够支持的用户数为标准分类

（1）单用户操作系统：在单用户操作系统中，系统所有的软、硬件资源同一时刻只能为一个用户提供服务。也就是说，单用户操作系统一次只能支持运行一个用户程序。如 DOS、

Windows 系列等。

（2）多用户操作系统：多用户操作系统能够同时管理和控制由多台计算机通过通信口连接起来组成的一个工作环境，并为多个用户提供服务，如 UNIX 等。

4. 以系统的功能为标准分类

（1）分时操作系统：分时操作系统的主要特点是将 CPU 的时间划分成时间片，轮流接收和处理各个用户从终端输入的命令。如果用户的某个处理要求时间较长，分配的一个时间片不够用，它只能暂停下来，等待下一次轮到时再继续运行。由于计算机运算的高速性和并行工作的特点，所以，只要同时上机的用户不超过一定的数量，每个用户就会觉得自己好像独占了这台计算机。常见的分时系统有 UNIX、Linux 等。

（2）实时操作系统：实时操作系统就是使计算机系统能及时响应外部事件的请求，并在严格的时间范围内尽快完成对事件的处理，给出应答。超出时间范围就失去了控制的时机，控制也就失去了意义，甚至造成事故。根据具体应用领域的不同，又可以将实时系统分成两类：实时控制系统（如导弹发射系统）和实时信息处理系统（如机票订购系统、银行 ATM）。常用的实时系统有 RDOS 等。

（3）批处理操作系统：在批处理操作系统中，用户可以把作业一批批地输入系统。批处理操作系统侧重于资源的利用率、作业的吞吐量及操作的自动化。它主要运行在大中型计算机上，如 IBM 的 DOS/VSE。批处理系统目前已不多见。

（4）网络操作系统：网络操作系统能够管理网络通信并提供网络资源共享，协调各个主机上任务的运行，向用户提供统一、高效、方便易用的网络接口，它是在单机操作系统的基础上发展起来的。常见的有 Windows Server、UNIX 等。

（5）分布式操作系统：分布式计算机系统也是由多台计算机连接起来组成的计算机网络，系统中若干台计算机可以互相协作来完成一个共同任务。这种用于管理分布式计算机系统中资源的操作系统称为分布式操作系统。

操作系统种类繁多，但其基本目的只有一个：为不同应用目的的用户提供不同形式和不同效率的资源管理，在当前的操作系统中，往往是将上述多种类型操作系统的功能集成一体，以提高操作系统的功能和应用范围。例如，DOS 是单用户单任务操作系统，Windows 7 是单用户多任务操作系统；而 Windows NT、UNIX 和 Linux 等操作系统中，就融合了批处理、实时、网络等相关的技术和功能。

2.1.4 常用操作系统简介

1. Windows 操作系统

Windows 操作系统（又称视窗操作系统）是基于图形界面的操作系统，是美国微软（Microsoft）公司的产品。因其生动、形象和直观的用户界面及十分简便的操作方法，吸引着成千上万的用户，成为目前社会上装机普及率最高的操作系统之一。

2. UNIX 操作系统

UNIX 是一种多用户多任务的分时操作系统。其优点是具有较好的可移植性，可运行于许多不同类型的计算机上，且有较好的可靠性和安全性，支持多任务、多处理、多用户、网络管理和网络应用。缺点是缺乏统一的标准，应用程序不够丰富，并且不易学习，因此限制

了 UNIX 的普及应用。

3. Linux 操作系统

Linux 是一套免费使用和自由传播的类似 UNIX 的操作系统，是一个基于 POSIX 和 UNIX 的多用户、多任务、支持多线程和多 CPU 的操作系统。

4. NetWare 操作系统

NetWare 是 Novell 公司推出的网络操作系统。NetWare 最重要的特征是基于基本模块设计思想的开放式系统结构。NetWare 是一个开放的网络服务器平台，可以方便地对其进行扩充，主要用于局域网的构建与管理。

5. Mac OS 操作系统

Mac OS 是在苹果公司的 Power Macintosh 计算机及 Macintosh 系列计算机上使用的。它是最早成功的基于图形用户界面的操作系统，具有较强的图形处理能力，广泛用于桌面排版和多媒体应用等领域。Mac OS 的缺点是与 Windows 缺乏较好的兼容性，影响了它的普及。

6. DOS 操作系统

DOS 实际上是 Disk Operation System（磁盘操作系统）的简称。顾名思义，这是一个基于磁盘管理的操作系统。与我们现在使用的操作系统最大的区别在于，它是命令行形式的，靠输入命令来进行人机对话，并通过命令的形式把指令传给计算机，让计算机实现操作。DOS 是 1981—1995 年的微型计算机上使用的一种主要的操作系统。由于早期的 DOS 系统是由微软公司为 IBM 的个人计算机（Personal Computer）开发的，故而称为 PC-DOS，又以其公司命名为 MS-DOS，因此后来其他公司开发的与 MS-DOS 兼容的操作系统，也沿用了这种称呼方式，如：DR-DOS、Novell-DOS 等。

7. 安卓（Android）操作系统

安卓（Android）是一个基于 Linux 内核的开源移动设备操作系统，主要用于智能手机和平板电脑，由 Google 公司开发。

8. iOS 操作系统

iOS 是由苹果公司为 iPhone 开发的移动操作系统，它主要是给 iPhone、iPod touch 及 iPad 使用。就像其基于的 Mac OS X 操作系统一样，它也是以 Darwin 为基础的，属于类 UNIX 的商业操作系统。

2.2 Windows 7 系统的基本操作

Microsoft Windows 是微软公司制作和研发的一套桌面操作系统，它问世于 1985 年，起初仅仅是 MS-DOS 模拟环境，后续的系统版本由于微软不断地更新升级，不但易用，也慢慢成为人们最喜爱的操作系统之一。

Windows 采用了图形化模式 GUI，比起从前的 DOS 需要输入指令使用的方式更为人性化。随着计算机硬件和软件的不断升级，微软的 Windows 也在不断升级，从架构的 16 位、32 位再到 64 位，系统版本从最初的 Windows 1.0 到大家熟知的 Windows 95、Windows 2000、Windows XP、Windows Vista、Windows 7，Windows 8 和 Windows Server 服务器企业级操作系统，不断持续更新，微软一直在致力于 Windows 操作系统的开发和完善。

Windows 7 可供家庭及商业工作环境、笔记本式计算机、平板计算机、多媒体中心等使用。2009 年 7 月 14 日 Windows 7 RTM（Build 7600.16385）正式上线，2009 年 10 月 22 日微软于美国正式发布 Windows 7，2009 年 10 月 23 日微软于中国正式发布 Windows 7，主要包括家庭普通版、家庭高级版、专业版、旗舰版和企业版五个版本，本章将重点介绍中文 Windows 7 旗舰版（Windows 7 Ultimate）。

2.2.1　Windows 7 系统的启动与退出

1. 启动 Windows 7

根据启动前计算机的状态，以及测试与初始化过程的不同，计算机可以分为冷启动、热启动及复位启动。冷启动又称加电启动，是从接通主机电源开始对系统的启动。热启动是在已经启动计算机的状态下，通过软件来重新启动计算机。复位启动是在没有关闭电源的情况下，通过按主机箱上的 Reset 按钮来启动机器。复位启动的启动过程与冷启动一样。为了不影响计算机的使用寿命，一般只有在热启动无效的情况下才使用复位启动。

Windows 7 系统启动的一般操作步骤如下：

（1）打开与计算机相连接的所有外围设备（如显示器、主机）的电源开关，按下主机箱上的电源开关（一般有 Power 的字样）。

（2）计算机将进入自检状态，直到启动 Windows 7 成功。

2. 退出 Windows 7

计算机在开机过程中要经过测试和一系列的初始化操作。而在关机过程中，计算机也进行一些数据的保存等工作，非法关机可能造成数据丢失。因此，只有在迫不得已的情况下才使用电源按钮关闭计算机。正确退出 Windows 7 系统的操作步骤如下：

（1）退出所有正在运行的程序。

（2）单击"开始"按钮，弹出"开始"菜单。

（3）单击"关机"按钮，即可关闭计算机。如果单击"关机"按钮右侧的下拉按钮，则会弹出子菜单，如图 2-1 所示，其中几个命令的作用如下：

- "切换用户"命令：切换用户与注销效果一样，但切换用户功能要求当前计算机注册有多个用户名。"注销"与"切换用户"的区别是，"切换用户"可以不中止当前用户所运行的程序，甚至不必关闭已打开的文件，而切换到其他用户的工作桌面；"注销"则必须中止当前用户的一切工作。

- "注销"命令：关闭当前所有程序，并且退出到用户登录的界面。假如系统占用的资源太多，可以通过注销系统来重新登录，这样比重启计算机节省时间。

- "锁定"命令：用户要是想暂时离开一会，又不想关闭计算机，就可以使用这个功能。当回来后，按【Space】键或【Enter】键就可以激活系统，非常方便。

- "重新启动"命令：即热启动。计算机保存所有更改的 Windows 设置，并将存储在内存中的所有信息写入硬盘，关闭计算机后重新启动进入 Windows 系统。

- "睡眠"命令：长时间不使用计算机，但又不希望关机时可以选用此命令，此时以低能耗维持计算机运行，内存中的信息不写入硬盘中。当再次使用计算机时，按键盘上的任意键，即可快速唤醒计算机并恢复睡眠前的状态。

"休眠"：休眠主要是为便携式计算机设计的一种电源节能模式。睡眠通常会将工作和设置保存在内存中并消耗少量的电量，而休眠则将打开的文档和程序保存到硬盘中，并关闭计算机。当重新启动计算机时，系统会把所用信息读回内存，计算机就可以恢复到休眠前的状态。

退出 Windows 后，最后关闭显示器和其他外设的电源。如果有打印机或其他外围设备，则应该先关闭打印机或其他外围设备的电源，再关闭主机电源，然后再关闭显示器电源。

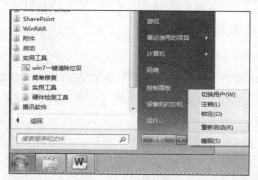

图 2-1　"关机"菜单

2.2.2　Windows 7 系统的桌面

桌面（Desktop）是计算机用语，是打开计算机并登录到 Windows 7 之后看到的主屏幕区域。就像实际的桌面一样，它是用户工作的平面。打开程序或文件夹时，它们便会出现在桌面上。还可以将一些项目（如文件和文件夹）放在桌面上，并且随意排列它们。Windows 7 的桌面如图 2-2 所示。

图 2-2　Windows 7 系统的桌面

Windows 7 桌面的组成元素主要包括桌面背景、图标、"开始"按钮，快速启动工具栏、任务栏和状态栏。图标则是代表这些对象的小图像，双击图标或者选中图标后按【Enter】键，就可以打开图标所代表的文件、文件夹或者程序。

2.2.3　Windows 7 窗口

当用户在 Windows 7 系统中打开文件、文件夹和应用程序时其窗口的显示如图 2-3 所示。

Windows 7 窗口一般由标题栏、菜单栏、控制按钮区、搜索栏、滚动条、状态栏、功能区、细节窗格、导航窗格等部分组成。在计算机使用过程中，当前所操作的窗口是已经激活的窗口，而其他打开的窗口是没有激活的窗口。激活与没有激活的差别是窗口边框的颜色和阴影不一样及焦点的不同。激活的窗口对应的程序称为前台程序，没有激活的窗口对应的程序称为后台程序。并不是打开了多个窗口就一定会有一个窗口处于激活状态，当用户将光标移到桌面或者任务栏空白处单击时，就会撤销所有窗口的激活状态。

菜单栏 ——

—— 控制按钮

—— 状态栏

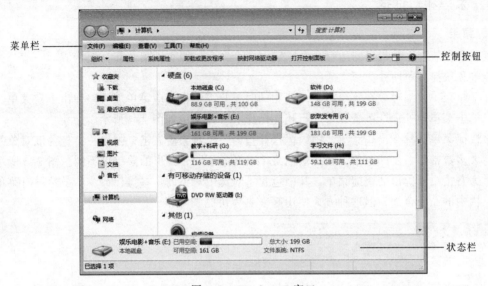

图 2-3　Windows 7 窗口

窗口的基本操作主要有以下几方面：

（1）鼠标的五种操作：指向、单击、双击、右击、拖动。

（2）打开窗口：双击桌面图标，或右击图标，选择"打开"命令。

（3）窗口的关闭：

- 关闭文档窗口：按【Ctrl+F4】组合键。
- 关闭应用程序窗口：按【Alt+F4】组合键，或单击右上角的"关闭"按钮。

（4）移动窗口：把鼠标指针指向标题栏，成标准形状时，按住左键不放拖动。

（5）改变窗口大小：把鼠标指针指向窗口边框线，呈上下或左右箭头形状时，按住左键拖动。

（6）窗口的切换：按【Alt+Tab】组合键或按【Alt+Esc】组合键；单击任务栏上的任务按钮或者单击窗口进行切换。

（7）窗口的排列：层叠、平铺（横向平铺和纵向平铺），可以右击任务栏空白处，在弹出的快捷菜单中选择排列方式。

（8）任务栏位置和大小的改变：

- 改变大小：把鼠标指针指向任务栏与桌面的分界线，呈上下黑色箭头形状时，按住左键不放拖动。
- 改变位置：在任务栏没有锁定的情况下，把鼠标指针指向任务栏空白处呈标准形状时按住左键拖动。

（9）其他操作：

- 对话框：命令后显示三个点的，选择此命令可以弹出一个对话框。
- 子菜单：命令后带有三角形标识。
- 激活菜单：按【Alt】键或【F10】键。
- 取消操作：按【Esc】键。

2.2.4　菜单和对话框

1. 菜单

菜单中存放着系统程序的运行命令，它由多个命令按照类别集合在一起构成。一般分为下拉菜单和快捷菜单两种。

- 下拉菜单统一存放在菜单栏中，使用的时候只需单击相应菜单就可以弹出下拉菜单，单击菜单中的命令系统即可进行相应操作。下拉菜单如图 2-4 所示。
- 快捷菜单又称弹出式菜单，用鼠标指针指向一个对象后右击，弹出一个包含该对象的大多数常用命令的菜单，就是快捷菜单。对象不同，弹出的菜单也不同。图 2-5 所示为右击桌面弹出的快捷菜单，其中包含了对选中对象的一些操作命令，虽然没有菜单栏中的命令全面，但这种方式使用起来更为快捷。

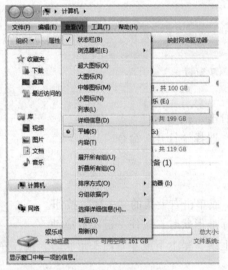
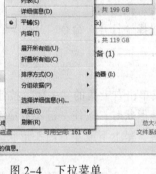

图 2-4　下拉菜单

图 2-5　快捷菜单

在菜单中，如果某个命令的右侧有向右的 ▶ 标记，则表示含有子菜单；如果某个命令的右边有"…"标记，则表示选择后将弹出对话框以便进一步设置；而 ▼（向下箭头）标记是菜单控件，单击时会显示更多命令。

2. 对话框

对话框是人机交互的一种重要手段，当系统需要进一步的信息才能继续运行时，就会打开对话框。主要是对对象的操作进行进一步的说明和提示。对话框可以进行移动、关闭操作，但不能进行改变对话框大小的操作。对话框一般可以分为以下两大类：

- 提示框：主要是给用户各种提示，用户只需选择"是""否""取消""确定"等操作，如图 2-6 所示。

● 普通对话框：需要用户根据相关情况输入一定的信息或者选择相关的选项，还有可能对系统或者程序的参数进行相关调整等，如图 2-7 所示。

对话框中的元素：

（1）标签：在 Windows 系统中，有些对话框包含多组内容，用标题栏下的标签标识，标签上标有对应该组内容的名称，单击该标签即可切换至该选项卡。

（2）选项组：将同一功能的所有选项用一条分割线分开，形成一个区域，这个区域称为选项组，例如"字距调整"选项组。

（3）单选按钮：单选按钮表示要选择的功能是彼此互斥的，供用户选择其一。

（4）复选框：复选框表示所列的功能是彼此兼容的，可同时选中多个选项或不选，选中后其方形框中出现"√"标记。

（5）文本框：用来接受用户输入的文本，一般分为纯文字文本框、数字文本框、标点文本框。

（6）下拉列表：下拉列表是一个很常用的对话框元素，当单击下拉按钮后会弹出一个下拉列表，此时用户便可以在其中选择合适的选项。

（7）列表框：列表框是一种有别于下拉列表框的对话框元素，它以直观列表的形式直接列出所有可供选择的选项，而不需要用户单击扩展按钮。

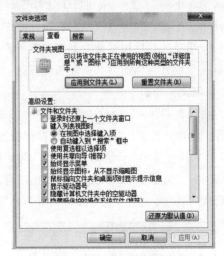

图 2-6　提示框　　　　　　　　图 2-7　普通对话框

3. "开始"菜单和"开始"按钮

"开始"按钮位于系统桌面左下角的任务栏上，单击它就可以弹出"开始"菜单。"开始"菜单可以分为五个部分，分别是常用程序、固定程序或文件夹、所有程序、搜索框和"关机"按钮，如图 2-8 所示。

1）将程序图标添加到"开始"菜单

如果有些程序需要经常使用，可以右击想要锁定的程序到"开始"菜单中的程序图标（例如腾讯 QQ），然后在弹出的快捷菜单中选择"附到「开始」菜单"命令即可，这个程序的图标就会显示在"开始"菜单的顶端区域，如图 2-9 所示。若要在"开始"菜单中删除程序图标，只需右击它，然后在弹出的快捷菜单中选择"从列表中删除"命令即可。

图 2-8 "开始"菜单

图 2-9 选择"附到「开始」菜单"命令

2）移动"开始"按钮及任务栏

默认情况下，"开始"按钮位于任务栏的左下角。用户可以移动任务栏及与任务栏在一起的"开始"按钮。操作方法是，右击任务栏空白处，在弹出的快捷菜单中取消选中"锁定到任务栏"选项。然后用鼠标左键按住任务栏并拖动，即可把任务栏拖动到桌面的四个边缘之间任意一个地方，当拖动到所需的位置时，释放鼠标即可。

3）自定义"开始"菜单

用户可以在"开始"菜单中添加或删除出现的项目，如"计算机""控制面板"和"图片"文件夹等。操作方法是，右击"开始"按钮或者"任务栏"，在弹出的快捷菜单中选择"属性"命令，弹出"任务栏和「开始」菜单属性"对话框，单击"「开始」菜单"标签，切换到"「开始」菜单"选项卡，如图 2-10 所示。然后单击"自定义"按钮，打开"自定义「开始」菜单"对话框，然后从列表框中选择所需选项，如图 2-11 所示。最后连续单击"确定"按钮即可。

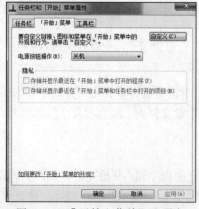

图 2-10 "「开始」菜单"选项卡

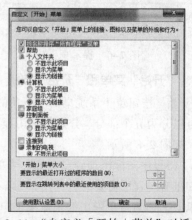

图 2-11 "自定义「开始」菜单"对话框

2.2.5　任务栏

默认情况下，任务栏位于系统桌面的最底部，如果需要，也可以把它拖动到其他位置。任务栏的最左边是"开始"按钮，中间是任务栏程序图标，右边是通知区域。通知区域包括的图标有语言栏、操作中心、各类程序图标、声音图标和日期/时间等，如图 2-12 所示。

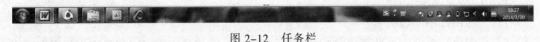

图 2-12　任务栏

用户可以设置这些图标是否在通知区域显示。设置方法是，在"任务栏和「开始」菜单属性"对话框中单击"任务栏"标签，切换到"任务栏"选项卡，如图 2-13 所示。单击"自定义"按钮，打开"通知区域图标"窗口，然后在列表框中选择要隐藏或显示的图标项目，如图 2-14 所示。

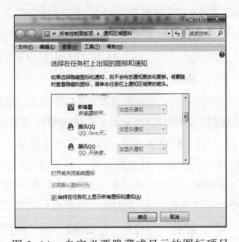

图 2-13　"任务栏"选项卡　　　图 2-14　自定义要隐藏或显示的图标项目

正常情况下，任务栏中部会出现几个常用的图标，用户可以随时在任务栏中添加或者删除程序图标。如果要把某个程序添加到任务栏中，可以右击要添加到任务栏的程序图标，在弹出的快捷菜单中选择"锁定到任务栏"命令。如果要删除任务栏中的图标，则可以右击该图标，在弹出的快捷菜单中选择"将此程序从任务栏解锁"命令。

当运行的程序太多时，任务栏会被排满，甚至会隐藏某些图标。此时可以在"任务栏"选项卡中的"任务栏按钮"下拉列表框中选择"当任务栏被占满时合并"选项，并单击"确定"按钮。这样就可以让 Windows 7 将相同类型的任务按钮归为一类，并安排在一个任务按钮上，单击该任务按钮，即可从中选择相应的任务。

2.2.6　任务管理器

有时，计算机执行的任务过多，导致计算机死机或者打开的程序长时间不响应用户的操作，此时可通过 Windows 7 任务管理器强行终止该程序。任务管理器显示了当前计算机上所运行的程序和进程的详细信息，并提供了当前计算机的性能状态和网络状态。

打开任务管理器的方法有如下几种：

● 在任务栏的空白处右击，在弹出的快捷菜单中选择"启动任务管理器"命令。

第②章　Windows 7 操作系统及应用

- 按【Ctrl+Alt+Del】组合键打开 Windows 7 安全桌面，选择"启动任务管理器"链接项。
- 按【Ctrl+Shift+Esc】组合键直接打开任务管理器。
- 在"开始"菜单搜索框中输入"taskmgr"，按【Enter】键直接打开任务管理器。

任务管理器有"应用程序""进程""性能""服务""联网""用户"六个选项卡。下面介绍其中的几个主要功能。

1. "应用程序"选项卡

"应用程序"选项卡（见图 2-15）中显示了当前运行的应用程序。如果应用程序在运行过程中出现问题，若该程序长时间不响应，用户无法使用正常方式关闭，就可以通过"应用程序"选项卡强行终止程序。操作步骤如下：

（1）在"应用程序"选项卡中单击选中需要结束运行的应用程序。

（2）单击对话框下方的"结束任务"按钮，在弹出的"结束程序"对话框中单击"立即结束"按钮，系统将强行终止该应用程序。

该种结束应用程序的方法，通常应用在出现程序故障，系统长时间不响应的时候。一般不建议使用该方法关闭正在运行的应用程序，因为该方法会导致应用程序打开的数据、文件丢失。

2. "进程"选项卡

在"Windows 任务管理器"窗口中单击"进程"标签，即可切换到"进程"选项卡（见图 2-16）。在"进程"选项卡中，显示了系统进程和用户当前打开的进程及进程占用 CPU 和内存的数量。其中"用户名"栏中显示"Admin..."的进程是当前用户启动的进程，其他为系统进程。

对于某些非系统进程，用户可以如同关闭应用程序那样关闭进程。虽然结束进程可以释放内存和减少 CPU 使用率，但是对于系统进程，用户不能随便结束，否则将导致系统错误。另外，从"进程"选项卡中，用户也可以发现计算机受到黑客程序侵犯的不正常进程。

3. "服务""性能""联网"和"用户"选项卡

在"服务""性能""联网"和"用户"选项卡中，用户可以查看当前计算机的运行服务、性能、联网状态和已运行的用户（多用户切换的时候）。

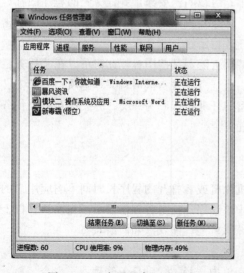

图 2-15　"应用程序"选项卡

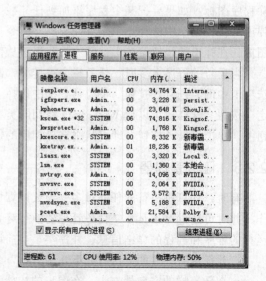

图 2-16　"进程"选项卡

2.2.7　桌面小工具

默认情况下，Windows 7 系统并没有在桌面上显示小工具。如果要显示小工具，那么可以右击桌面空白处，在弹出的快捷菜单中选择"小工具"命令，即可打开一个工具库。右击要添加到侧边栏的图标，在弹出的快捷菜单中选择"添加"命令即可，如图 2-17 所示。添加的小工具默认会在桌面右边显示，并可以用鼠标将其拖动到任意位置，添加的小工具如图 2-18 所示。

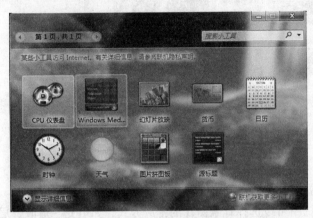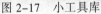

图 2-17　小工具库

图 2-18　添加的小工具

2.2.8　设置桌面背景

桌面背景又称墙纸。用户可以根据自己的爱好来更改桌面背景。背景图片的扩展名可以是.bmp、.gif、.jpg 等。

用户随时可以把自己喜欢的图片设置为桌面背景，操作步骤如下：

（1）右击桌面空白处，在弹出的快捷菜单中选择"个性化"命令，打开"个性化"窗口，如图 2-19 所示。

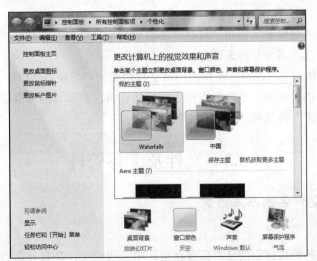

图 2-19　"个性化"窗口

（2）单击"桌面背景"按钮，打开"桌面背景"窗口，在"图片位置"下拉列表框中选择一个位置，列表框中就会列出相关的图片，如图 2-20 所示。

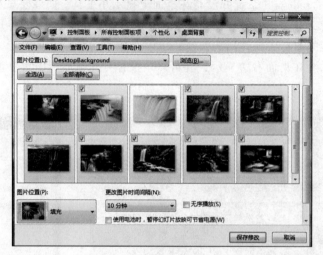

图 2-20   "桌面背景"窗口

（3）选中其中一组图片后，就会自动应用到桌面，然后单击"确定"按钮即可。

- 在"图片位置"下拉列表框中可以选择背景图片的排放方式，如填充、适应、居中、平铺和拉伸，可以根据需要选择。
- 在"更改图片时间间隔"下拉列表框中选择一个时间，当达到这个时间间隔时，系统就会自动切换指定图片集中的图片。

2.2.9   设置屏幕分辨率和刷新率

显示分辨率是指显卡能在显示器上描绘点数的最大数量，通常以"横向点数 × 纵向点数"来表示。下面是设置屏幕显示分辨率的基本步骤：

（1）右击桌面空白处，在弹出的快捷菜单中选择"个性化"命令，打开"个性化"窗口。单击"显示"按钮，打开"显示"窗口。

（2）单击"调整分辨率"按钮，打开"屏幕分辨率"窗口，在"分辨率"下拉列表框中选择一个适合自己显示器的分辨率即可。

（3）单击"高级设置"按钮，在弹出的对话框中单击"监视器"标签，切换到"监视器"选项卡，在"屏幕刷新频率"下拉列表框中选择适合自己显示器的屏幕刷新频率。

（4）单击"确定"按钮和"关闭"按钮退出即可。

2.3   文件及文件管理

2.3.1   文件及文件名的基本概念

1. **文件**（file）

在计算机中，各种数据和信息都保存在文件中。所谓文件是具有某种相关信息的集合，文件是计算机存储、管理信息的最基本的形式。文件的内容多种多样，可以是文本、图像、声音及数值数据，也可以是可执行的程序代码。文件可以没有任何内容，只有一个文件名，称为空文件。一个应用程序、一个由文字组成的文档都是文件。硬盘、光盘、U 盘都是可用于存储文件的设备。

文件具有如下特点：

（1）文件具有唯一性，也就是在同一磁盘的同一文件夹中不能有相同的文件。

（2）文件可以存放汉字、英文、图形图像、声音和视频等各种信息。

（3）文件具有可移动性，可以把文件复制或者移动到其他存储设备和计算机上。

（4）文件在存储介质上是有固定位置的，访问时候需要给出具体路径。

（5）文件具有可删除性和可修改性，文件的内容也可以增加、删除、修改。

2. **文件名**

为了区分不同的文件，每个文件都有一个名称，称为文件名，计算机对文件实现按名存取。

在 DOS 操作系统中规定，文件名由文件基本名和扩展名组成，文件基本名由 1～8 个字符组成，扩展名由 1～3 个字符组成，基本名和扩展名之间用一个小圆点（.）隔开。

Windows 7 通过文件名来识别和管理文件。在 Windows 7 中，文件名的命名规则如下：

（1）文件名由两部分组成：主名和可选的扩展名。主名和扩展名由 "." 分隔（例如 myfile.txt）。主名的长度最大可以达到 255 个字符，扩展名最多为 4 个字符。

（2）除了 "?" "*" "/" "" "<" ">" "|" 之外，所有字符（包括汉字、空格）均可作为文件名。

（3）文件名不区分英文字母大小写，但在显示的时候依然有区别。

给文件取名时，除了要符合规定之外，应主要考虑文件的可读性和使用方便，文件名应该反应文件的特点和内容，并容易记忆和使用，见名知义，以便用户识别。

3. **通配符**

在查找和显示一组文件或文件夹时可以使用通配符 "？" 和 "*"。"？" 代表任意一个字符，"*" 代表任意多个字符，包括无字符的情况。

例如："*.exe" 表示以 .exe 为扩展名的所有文件；"*.*" 表示所有的文件；"*职业.*" 表示文件名中含有 "职业" 二字的所有的文件；"B*.docx" 表示文件名以 B 开头，以 .docx 为扩展名的所有文档；"?桂林.*" 表示文件名第二个和第三个字符为 "桂林" 的所有文件；"广西?桂林.pptx" 表示以广西开头，第三个字符为任意，第四个和第五个字符为桂林，扩展名为 .pptx 的文件。

2.3.2 文件图标和文件类型

文件都包含着一定的信息，其不同的数据格式和意义使得每个文件都具有某种特定的类型。Windows 7 利用文件的扩展名来区分每个文件的类型。在默认情况下，Windows 7 系统中的文件是不显示扩展名的，而是使用不同的图标表示其不同的类型。如果要显示所有文件的扩展名，可以使用以下操作步骤进行设置：

（1）打开 "计算机" 或者 "资源管理器" 窗口。

（2）选择 "工具" → "文件夹选项" 命令，弹出 "文件夹选项" 对话框，如图 2–21 所示。

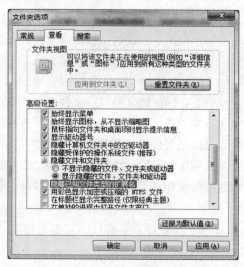

图 2-21 "文件夹选项"对话框

（3）在该对话框中选择"查看"选项卡，在"高级设置"列表框中取消选择"隐藏已知文件类型的扩展名"复选框。

在 Windows 7 中，每个文件在打开前都是以图标的形式显示的。每个文件的图标会因为文件类型的不同而不同，而系统正是以不同的图标来向用户提示文件的类型的。在 Windows 7 中，常见的文件扩展名及其表示的意义如表 2-1 所示。

表 2-1 文件扩展名及其意义

文件类型	扩展名	含义
可执行程序	.exe、.com	可执行程序文件
目标文件	.obj	源程序文件经编译后生成的目标文件
Office 文档文件	.docx、.xlsx、.pptx	Microsoft Office 中的 Word、Excel、PowerPoint 创建的文档
图像文件	.bmp、.jpg、.jpeg、.gif	图像文件，不同的扩展名表示不同格式的图像文件
流媒体文件	.wmv、.rm、.qt	能通过 Internet 播放的流媒体文件，无须下载整个文件即可播放
压缩文件	.zip、.rar	压缩文件
音频文件	.wav、.mp3、.mid	声音文件、不同的扩展名表示不同格式的声音文件
网页文件	.htm、.asp	一般来说，前者是静态的，后者是动态的

2.3.3 文件夹

文件被存放在硬盘、U 盘、光盘等存储器中，一个存储器上通常可存有大量的文件，为了方便管理这些文件，Windows 7 把存储器分成一级级文件夹用于存放一些性质相类似的文件。即 Windows 7 采用树形结构以文件夹的形式来组织和管理文件。

文件夹指的是一组文件的集合。一般情况下，可以把 DOS 的目录同文件夹概念等同，但是，文件夹并不仅仅代表目录，它可以代表驱动器、设备，甚至是通过网络连接的其他计算机。文件夹命名的规定与文件命名的规定相同，不过一般情况下文件夹名不使用扩展名。

文件夹的内容可以是存储在该文件夹下的文件和其他文件夹，系统通过文件夹名来进行文件夹的操作。有了文件夹，就可以按文件夹分门别类地存放文件。这样在查找一个文件时，就不必在整个磁盘上查找，只要在对应的文件夹中查找就行了，可以大大提高查找的效率。

在 Windows 7 操作系统中，为了展示的方便，文件夹树转了 90°，处在顶层的文件夹是"桌面"，从"桌面"开始可以访问任何一个文件和文件夹。桌面上有"计算机""网络""回收站""库"等文件夹，这些为系统专用文件夹，不能更名。计算机文件夹之下是 C、D、E 等硬盘的逻辑分区，以及其他移动盘符。

2.3.4　文件的目录结构

Windows 7 采用树形结构以文件夹的形式组织和管理文件，即一个文件夹中除了可以包含程序、文档、打印机等设备文件和快捷方式外，还可以包含下一级文件夹（又称子文件夹），通过文件夹对不同的文件进行分组、归类管理。图 2-22 所示为文件的分层管理形式。

文件在文件夹树中的位置称为文件的路径（Path）。文件的路径是用反斜线（\）隔开的一系列子文件夹来表示的，它反映了文件在文件夹树中的具体位置，而路径中的最后一个文件夹名就是文件所在的子文件夹名。可以使用两种方式来指定文件路径，即绝对路径和相对路径。

1.　绝对路径

绝对路径：是从盘符开始的路径，表示了文件在文件夹树中的绝对位置。

例如，D:\计算机应用基础教材文档\实训教程\实验一 Word 的基本操作.docx。

2.　相对路径

相对路径：是从当前目录开始的路径，表示了文件在文件夹树中相对于当前文件夹的位置。假如当前路径为"D:\计算机应用基础教材文档"，要描述前页面例子中的路径，只需输入"实训教程\实验一 Word 的基本操作.docx"即可。

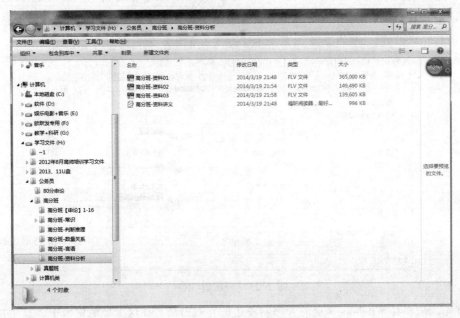

图 2-22　文件的分层管理形式

2.3.5　快捷方式

快捷方式是 Windows 7 中一个重要的概念。它通常是指 Windows 7 桌面上或窗口中显示的一个图标，双击这个图标可以迅速地运行一个应用程序、完成打开某个文档或文件夹的操作。使用快捷方式的最大好处是用户可以快速而方便地进行某个操作。

实际上，快捷方式并不是它所代表的应用程序、文档或文件夹的真正图标，快捷方式只是一种特殊 Windows 7 文件，它们具有 .lnk 文件扩展名，且每个快捷方式都与一个具体的应用程序、文档或文件夹相联系，用户双击快捷方式的实际效果与双击快捷方式所对应的应用程序、文档或文件夹是相同的。对快捷方式的重命名、移动或复制只影响快捷方式文件本身，而不影响其所对应的应用程序、文档或文件夹。一个应用程序可有多个快捷方式，而一个快捷方式最多只能对应一个应用程序。

快捷方式是一种从其他位置访问程序或文档的捷径，它不是程序或文档本身，删除快捷方式并不影响相应的程序或文档，而快捷方式的功能发挥则依赖于相应的程序或文档，也就是说，如果相应的程序或文档被删除，那么快捷方式的功能就会失效。

创建快捷方式有以下几种方法：

- 按住【Alt】键的同时将需要创建的文档或程序图标拖动到桌面即可。
- 在需要创建快捷方式的程序或者文件图标上右击，在弹出的快捷菜单中选择"创建快捷方式"命令，就生成了当前目录下的快捷方式，然后把该快捷方式复制或移动到桌面的相应位置即可。

2.3.6　Windows 7 资源管理器的使用

资源管理器（见图 2-23）是 Windows 操作系统提供的资源管理工具，是 Windows 7 的精华功能之一。通过资源管理器可以查看计算机上的所有资源，能够清晰、直观地对计算机上形形色色文件和文件夹进行管理。下面对 Windows 7 资源管理器的新特点和新功能加以介绍。

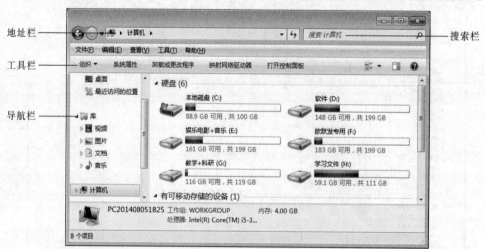

图 2-23　资源管理器

首先，来看看 Windows 7 资源管理器左边的导航窗格。在这个导航窗格中，整个计算机的资源被划分为：收藏夹、库、计算机和网络，这与 Windows XP 系统有很大的不同，用于让用户更好地组织、管理及应用资源，带来更高效的操作。例如，在"收藏夹"目录下"最近访问的位置"选项中可以查看到最近打开过的文件和系统功能，方便再次使用；在"网络"目录下，可以直接快速组织和访问网络资源。此外，更加强大的则是"库"功能，它将各个不同位置的文件资源组织在一个个虚拟的"仓库"中，这样集中在一起的各类资源自然可以极大地提高用户的使用效率。

在菜单栏方面，Windows 7 的组织方式发生了很大的变化或者说是简化，一些功能被直接作为顶级菜单置于工具栏中，如"卸载或更改程序"等功能。工具栏按钮会根据所选择的对象不同而变换。

1. 文件与文件夹的展开与折叠

在 Windows 7 中，资源管理器的地址栏使用了全新的显示方式和操作按钮。而在资源管理器左边的导航窗格中，图标前面有实心三角形符号◢的文件夹中包含子文件夹，图标前面没有该符号的文件夹中不包含子文件夹。

当显示空心向右三角形符号▷时，表明该文件夹是可以被展开的折叠状态的文件夹。单击三角形符号时，空心三角▷变成向右下角的实心三角形符号◢，同时该文件夹展开，显示出子文件。向右下角的实心三角形◢表示文件夹是展开状态，可以折叠。单击文件夹图标左边的三角形符号可以在文件夹的展开与折叠状态之间进行转换。

打开文件夹和展开文件夹是不同的操作。展开文件夹是在文件夹列表框中显示所包含子文件夹，该文件夹并不因为展开而打开，文件夹内容框中的内容不发生任何变化。多个文件夹可以同时处于展开状态，单击文件夹的图标将打开该文件夹，该文件夹的内容也立刻在文件夹内容窗口中显示出来，一次只能打开一个文件夹。

2. 文件与文件夹的新建

1）文件的新建

首先打开准备新建文件所在的文件夹或者桌面，然后可以通过三种方式建立文件：

（1）在需要新建文件的空白位置右击，在弹出的快捷菜单中选择"新建"命令，在弹出的子菜单中选择自己想要新建的文件，然后选择相应的文件类型。

（2）选择"文件"→"新建"命令，在弹出的子菜单中选择需要新建的文件类型。

（3）打开任一应用程序，然后在应用程序窗口中选择"文件"→"新建"命令（或者按【Ctrl+N】组合键），就可以自动新建一个相应类型的文档。

2）文件夹的新建

（1）文件夹的新建和文件的新建方法差不多，首先选择需要新建文件夹的目标位置，然后选择"文件"→"新建"→"文件夹"命令，即可新建一个默认名称为"新建文件夹"的文件夹。

（2）在想要新建文件夹的位置右击，在弹出的快捷菜单中选择"新建"→"新建文件夹"命令，就可以新建一个文件夹。

3. 文件或者文件夹等对象的选中

在对某些文件或者文件夹及其图标进行操作之前，必须选中某个或者多个目标对象。选中的方法如下：

（1）选中单个对象：直接单击目标对象即可。

（2）选中连续的多个对象：先选中第一个对象，然后在按住【Shift】键的同时，再选中

第 2 章 Windows 7 操作系统及应用

连续多个对象的最后一个，即可选中多个连续的对象。

（3）选中多个不连续的对象：先选中第一个对象，在按住【Ctrl】键的同时逐一单击需要选中的对象图标。

（4）选中全部对象：把光标移到需要选中的对象区域内，按【Ctrl+A】组合键；或者选择"编辑"→"全选"命令，即可选中全部对象。

（5）取消选中全部对象：选择"编辑"→"反向选择"命令，或者在空白处单击，即可实现取消选中对象。

4. 移动、复制或者删除对象

1）文件或文件夹的复制与移动

常用方法有如下几种：

（1）菜单方式：

① 选中要复制或移动的文件或文件夹。

② 选择"编辑"→"复制"命令，则被选中的文件或文件夹就被复制到剪贴板中；如选择"编辑"→"剪切"命令，则被选中的文件或文件夹就被移动到剪贴板。

③ 选择要复制或移动到的磁盘或目的文件夹。

④ 选择"编辑"→"粘贴"命令，将剪贴板中的内容复制或移动到目的地。

（2）快捷键方式：

① 选中需复制或移动的文件或文件夹。

② 按【Ctrl+C】组合键，则被选中的文件或文件夹就被复制到剪贴板；如按【Ctrl+X】组合键，则被选中的文件或文件夹就被移动到剪贴板。

③ 选择要复制或移动到的磁盘或目的文件夹。

④ 按【Ctrl+V】组合键，将剪贴板中的内容复制或移动到目的地。

（3）拖动方式：

① 选中需要复制或移动的文件或文件夹。

② 当源对象和目标文件均在同一个驱动器上时，按住【Ctrl】键（或不按【Ctrl】键）的同时拖动源对象到一个目标文件夹是复制（或移动）操作。或者当源对象和目标文件在不同的驱动器上时，按住【Shift】键（或不按【Shift】键）的同时拖动源对象到一个目标文件夹是复制（或移动操作）。

（4）使用复制或者剪切命令：

① 选中要复制或移动的文件或文件夹。

② 右击后在弹出的快捷菜单中选择"复制"（或"剪切"）命令，找到目标位置并右击，在弹出的快捷菜单中选择"粘贴"命令，即可实现复制（移动）。

应注意的是，剪贴板是内存中的一块区域。Windows 7 剪贴板只保留最后一次存入的内容。断电之后剪贴板的内容全部丢失。

2）文件或文件夹的删除

在硬盘中删除的对象通常是放入回收站的，并没有真正删除，是从原来位置移动到回收站，还可以从回收站中还原该对象；只有清空回收站后，对象才真正被删除。在 U 盘中删除，或者比较大的文件或者文件夹的删除才是真正被物理删除。如果在删除的同时按【Shift】键，则不会将删除的对象放入回收站中，而是永久地删除了。

常用删除的方法有如下几种：

（1）选中要删除的对象，选择"文件"→"删除"命令。

（2）直接把选中的对象拖动到回收站或者选中对象之后按【Delete】键，在弹出的提示对话框中确认即可。

5. 文件或文件夹的重命名及其属性的设置

文件或文件夹的重命名有以下方法：

（1）选中要重命名的对象，选择"文件"→"重命名"命令，这时选中对象的名称被加上了方框，原名称呈反相显示，然后按照对象的命名规则输入新的名称后按【Enter】键即可。

（2）右击要重命名的对象，从弹出的快捷菜单中选择"重命名"命令，输入新文件名即可。

（3）一个或者多个文件名要重命名时，可以同时选中一个或者多个文件，按【F2】键，然后输入一个文件名，所有被选中的文件会被重命名为新文件名且末尾处加上一个递增的数字。

不能随意更改系统文件夹的名称，例如，它是正确运行 Windows 所必需的，不得随意变更，否则将使该文件失去与相应应用程序的关联。

6. 文件、文件夹的属性

文件和文件夹属性是文件或文件所具有的性质、特征和属性。每个文件和文件夹都包括磁盘具有的属性，属性信息包括文件或文件夹的名称、类型、大小、位置、创建日期、只读、隐藏、存档等。根据用户需要，可以设置相应的属性，了解文件或文件夹的属性有利于对它进行操作，如图 2-24 所示。

图 2-24　属性对话框

只读：用于设置文件或文件夹为只能读取，不能修改。选中这一选项可以应用只读属性，从而可以对文件或文件夹进行保护。

隐藏：用于设置该文件（或文件夹）是否被隐藏，隐藏后如果不知道名称将无法查看或使用该文件（或文件夹）。选中该选项可应用隐藏属性。

文件或文件夹还具有其他属性，如共享、安全、自定义等。

此外，还有系统的属性和磁盘驱动器等对象的属性。先选中对象，然后右击，在弹出的快捷菜单中选择"属性"命令就可以查看。例如计算机的属性如图 2-25 所示，本地磁盘（F）的属性对话框如图 2-26 所示。

7. 排列方式和图标的显示方式

Windows 7 提供了按文件（夹）属性进行排列的方式。所谓文件（夹）属性，是指文件（夹）的名称、大小、类型、修改时间及在磁盘上的位置等。

通常文件的排序方式是以文件名默认排列的，用户可以设置按文件的大小、类型、修改时间或按组排列等方式重新排序。可以在桌面或文件夹内的空白处右击，在弹出的快捷菜单中选择"排序方式"命令，在其子菜单中选择相关的排列方式，如图 2-27 所示。

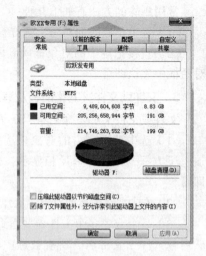

图 2-25　计算机的属性　　　　　图 2-26　本地磁盘（F）的属性对话框

Windows 7 系统提供的图标显示方式有超大图标、小图标、详细信息、内容等。具体设置方式：可以打开"计算机"或文件夹等，在"查看"菜单中选择相应的显示方式；或者单击右侧的"📄▼"下拉按钮，弹出如图 2-28 所示的下拉菜单，然后选择相应的图标显示方式。

图 2-27　图标排列方式子菜单

图 2-28　图标的显示方式

8. 文件与文件夹的搜索

Windows 7 提供了查找文件和文件夹的多种方法。搜索方法无所谓最佳与否，在不同的情况下可以使用不同的查找方法。

1）使用"开始"菜单中的搜索框

可以使用"开始"菜单中的搜索框来查找存储在计算机中的文件、文件夹、程序和电子邮件。单击"开始"按钮，弹出如图 2-29 所示的"开始"菜单，在其搜索文本框中输入想要查找的文件或者文件夹的全部或者部分名称，将立即显示搜索结果。

输入后，与所输入文本相匹配的项将出现在"开始"菜单中。搜索结果基于文件名中的文本、文件中的文本、标记及其他文件属性。

2）使用文件夹或库中的搜索文本框

一般情况下，可能知道要查找的文件位于某个特定文件夹、磁盘或库中，使用已打开窗口顶部的搜索文本框，可以快速查找需要的文件或者文件夹，从而节省时间和精力，如图2-30所示。

搜索文本框基于所输入文本筛选当前视图，将查找文件名和内容中的文本及标记等文件属性中的文本。在库中，搜索包括库中包含的所有文件夹及这些文件夹中的子文件夹。

若要使用搜索框文本搜索文件或文件夹，可执行下列操作：

（1）在搜索框中输入字词或字词的一部分。

（2）输入时，将即时筛选文件夹或库的内容，以对应输入的每个连续字符。看到需要的文件后，即可停止输入。

也可以在搜索文本框中使用其他搜索技巧来快速缩小搜索范围。例如，如果要基于文件的一个或多个属性进行搜索，例如标记、文件大小或上次修改文件的日期，则可以在搜索时使用搜索筛选器指定属性。或者，可以在搜索文本框中输入关键字以进一步缩小搜索结果范围。

对于搜索的结果，可以像普通文件一样进行复制、删除等操作。

9. 库

库是Windows 7操作系统推出的新一代文件管理模式。库能够快速地组织、查看、管理存在于多个位置的内容，甚至可以像在本地计算机中一样管理远程的文件夹。Windows 7 把库的功能内置在"资源管理器"中，如图2-31所示。

1）库的概念

通俗来讲，所谓的"库"其实就是一个搜索文件的组织单元。目标文件并不在这个库中，这只是一个逻辑单元，相当于文件链接或者快捷方式。"库"中保存了搜索结果，方便下一次的调用及进行集中化的管理。

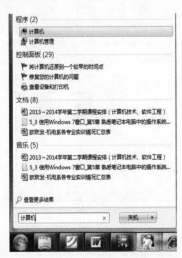

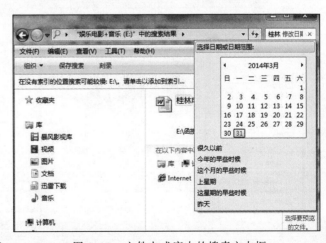

图 2-29　"开始"菜单上的搜索文本框　　　图 2-30　文件夹或库中的搜索文本框

例如，如果在E盘保存了某班级学生的成绩表，在F盘保存了另外一个班级学生的成绩表，这样使用和查找非常不便，就可以创建"库"，将这两个磁盘中的资料集中起来进行统一管理，而不用单独去访问E盘或F盘的相关文件夹来获取数据了。

"库"不仅能够集中本地计算机中不同位置的数据，而且可以对不同计算机中的相关文件夹进行集中统一管理。例如，用户在家里的计算机中保存了家人的照片，在单位的计算机上保存了工作照片，在自己的笔记本式计算机中保存了私人照片。正常情况下，如果要在本地获取其他计算机中的照片，则需要远程登录到该计算机上存/取。利用 Windows 7 的"库"，用户就可以在安装了 Windows 7 的笔记本式计算机中创建一个名为"照片"的库，通过设置将不同的计算机中的照片集中统一链接到"库"中，从而像访问本地文件夹一样进行访问或存/取。

2）在"库"中添加文件夹

在 Windows 7 中，默认有四个"库"，分别是"视频""图片""文档"和"音乐"。这四个默认的库分别包含了系统中的相关文件夹。例如，打开"图片"库，就可以查看 Windows 7 系统自带的图片。如果文件比较多，还可以改变文件的排序方式进行筛选。这样，用户不必关心文件的实际位置，无论它在服务器上还是在另外一台计算机上，通过库就可以进行集中化、可视化的管理了。

用户也可以根据需要创建新"库"。方法是，单击 Windows 7 任务栏上的"Windows 资源管理器"图标，或右击"开始"按钮，在弹出的快捷菜单中选择"打开 Windows 资源管理器"命令，打开资源管理器窗口。右击库位置窗口空白处，在弹出的快捷菜单中选择"新建"→"库"命令，如图 2-32 所示，即可创建一个库，然后就像给文件夹命名一样为这个库命名即可。

如要将文件夹添加到"库"，可按如下步骤操作：

（1）右击资源管理器中"库"的某一具体名称，例如图片，在弹出的快捷菜单中选择"属性"命令，打开其属性对话框。

（2）单击"包含文件夹"按钮，然后在打开的对话框中定位到要包含的文件夹所在的路径，并指定相应的文件，最后单击"包括一个文件夹"按钮即可。

图 2-31　库

图 2-32　新建库

10. 常用热键介绍

Windows 7 系统在支持鼠标操作的同时也支持键盘操作，表 2-2 介绍了部分键盘常用热键及其功能。

表 2-2 常用热键介绍

热 键	功 能	热 键	功 能
【Ctrl+C】组合键	复制选中的项目	【Ctrl+→】组合键	将光标移动到下一个字词的起始处
【Ctrl+X】组合键	剪切选中的项目	【Ctrl+←】组合键	将光标移动到上一个字词的起始处
【Ctrl+V】组合键	粘贴选中的项目	【Ctrl+↓】组合键	将光标移动到下一个段落的起始处
【Ctrl+Z】组合键	撤销操作	【Ctrl+↑】组合键	将光标移动到上一个段落的起始处
【Ctrl+Y】组合键	重新执行某项操作	【Ctrl+Alt+Tab】组合键	在打开的项目之间切换
【Ctrl+A】组合键	选中文档或窗口中的所有项目	【Ctrl+Shift+Esc】组合键	打开任务管理器
【Ctrl+Shift】组合键	加按某个箭头键，选中一块文本	【F6】键	在窗口中或桌面上循环切换屏幕元素
【Ctrl+Esc】组合键	打开"开始"菜单	【Alt+Tab】组合键	在打开的项目之间切换
【Ctrl+F4】组合键	关闭活动文档	【Alt+Enter】组合键	显示所选项的属性
【Alt+Space】组合键	为活动窗口打开快捷方式菜单	【Shift+Delete】组合键	不先将所选项目移动到"回收站"而直接将其删除
【Esc】键	取消当前任务	【Ctrl】键+鼠标滚轮	更改桌面上的图标大小
【F1】键	显示帮助	【Alt+Esc】组合键	以项目打开的顺序循环切换项目
【F2】键	重命名选中项目	【Delete】键	删除所选项目并将其移动到回收站
【F3】键	搜索文件或文件夹	【Alt+F4】组合键	关闭活动项目或者退出活动程序
【Print Screen】组合键	复制当前屏幕图像到剪贴板	【Alt+Print Screen】组合键	复制当前窗口图像到剪贴板

2.4 控制面板的使用

在 Windows 7 操作系统中，控制面板是重要的系统设置和管理工具箱。通过控制面板中提供的工具，用户可以直观地查看系统状态，修改所需的系统设置。

控制面板是一组工具软件的集合，通过控制面板，用户可以对计算机系统中的各种软/硬件进行相应的配置。例如，对系统的外观、语言、时间进行设置和管理，也可以进行添加或删除程序、安全设置等操作。

选择"开始"→"控制面板"命令，即可打开 Windows 7 系统的控制面板。在 Windows 7 系统中，控制面板默认以"类别"方式显示功能菜单，分为"系统和安全""用户账户和家庭安全""网络和 Internet""外观和个性化""硬件和声音""时钟、语言和区域""程序""轻松访问"等几项，每一项下显示了具体的功能选项，如图 2-33 所示。控制面板中的每个设置项目对应系统盘的 Windows\system32 文件夹下的一个扩展名为.cpl 的文件，如鼠标设置项对应于 main.cpl 文件。

控制面板的
图标显示方式

图 2-33　"控制面板"窗口

下面对控制面板中的其中几项常用功能设置进行介绍，其他设置与此类似。

2.4.1　鼠标属性的设置

不同的用户对鼠标使用的要求不一样，例如，有的用户需要高速移动鼠标，有的用户则需要低速移动鼠标，还有的可能需要左手使用鼠标等，而鼠标默认的属性不一定适合每个人的使用。若双击鼠标不够灵敏，或者想要改变鼠标指针的图案、调整鼠标指针的移动速度等，都可以在"控制面板"下的"硬件和声音"选项中通过单击"鼠标"链接项进行调整。图 2-34 所示为"鼠标 属性"对话框的"鼠标键"选项卡，图 2-35 为"指针"选项卡。

鼠标的基本操作：

操作 Windows 7 系统可以使用键盘，但使用鼠标更为简单快捷。当把鼠标放在平面上移动时，鼠标指针将随之在屏幕上按相应的方向和距离移动。鼠标最基本的操作方式有：移动、指向、单击、双击、右击、拖动等。

- 移动：握住鼠标在平面上移动时，计算机屏幕上的指针就随之移动。通常情况下，鼠标指针的形状是一个小箭头。
- 指向：移动鼠标，将鼠标指针移动到屏幕上一个特定的位置或某一个对象上。

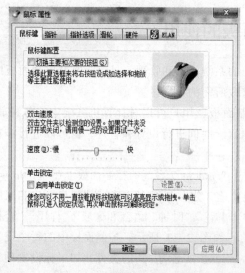

图 2-34　"鼠标键"选项卡

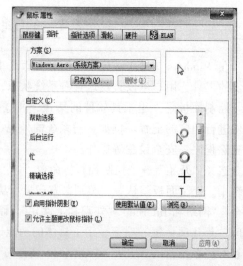

图 2-35　"指针"选项卡

- 单击：又称左击，快速按下并松开鼠标左键。单击一般用于完成选中某选项、激活命令或按钮，选中的对象呈高亮显示。
- 双击：快速地连续按下两次鼠标左键，双击一般表示选中并执行。
- 右击：将鼠标的右键按下并松开，右击通常用于一些快捷操作。
- 拖动：也称左拖。按住鼠标左键不放，把鼠标指针移动到一个新的位置后，松开鼠标左键。

通常情况下，鼠标指针的形状是一个小箭头，它会随着所在位置的不同而发生变化，并且和当前所要执行的任务相对应。在 Windows 7 中，鼠标指针并非一成不变，当系统处于不同的运行状态时，其外形也会有所不同，主要的几种形状如表 2-3 所示。

表 2-3　鼠标的指针形状和状态

系统状态	形状	系统状态	形状	系统状态	形状
标准选择	⌖	帮助选择	⌖	后台运行	⌖
忙	○	精度选择	＋	文字选择	I
垂直和水平调整	↕ ↔	对角线调整	↖ ↗	不可用	⊘
移动指针	✛	链接选择	🖑	手写	✎

2.4.2　用户账户和家庭安全

Windows 7 操作系统允许安置多个用户，每个用户有自己的权限，可以独立地完成对计算机的使用，保证了不会因多人共同使用计算机而带来的安全问题。微软公司在 Windows 7 系统中专门加入家长控制功能，帮助家长对计算机的使用安全进行控制。家长控制功能能够让家长控制未成年人对计算机的使用权限和使用情况。实现的方法是家长为管理员身份，可以限制一般标准用户使用计算机的时间、能够玩的游戏和可以执行的程序。

1. 添加用户账号

Windows 7 可以对原有用户账号进行管理，也提供了用户账号的新建功能，具体操作为：选择"控制面板"选项，在如图 2-36 所示的"用户账户和家庭安全"窗口中选择"用户账户"下的"添加或删除用户账户"选项，在弹出的"管理账户"窗口中选择"创建一个新账户"选项，在弹出的"创建新账户"窗口中输入新账户名，并设置用户的权限类型，最后单击"创建账户"按钮即可完成添加用户账户操作。

2. 设置、修改和删除用户密码

进入控制面板的"用户账户和家庭安全"界面后，选择"创建密码"选项，打开如图 2-37 所示的"创建密码"窗口，通过"新密码"和"确认新密码"文本框进行密码的设置，两个文本框中设置的密码必须相同。在输入完密码提示之后单击"创建密码"按钮就完成了密码的设置，设置密码之后下次用户登录 Windows 7 系统必须输入密码方可进入系统。

修改密码和删除密码都是通过"更改账户"窗口中的"更改密码"和"删除密码"选项来实现的，方法和设置密码基本相同。

第 ② 章　Windows 7 操作系统及应用

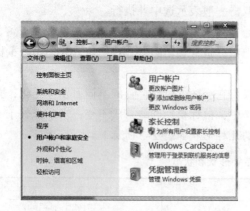

图2-36 "用户账户和家庭安全"窗口

图2-37 账户密码设置对话框

2.4.3 日期和时间、语言和区域

1. 日期和时间

Windows 7 系统默认的时间和日期格式是按照美国习惯设置的，用户可根据自己的习惯来设置。"日期和时间"对话框包括"日期和时间""附加时钟"和"Internet 时间"三个选项卡。在"日期和时间"选项卡中可以更改系统日期和时区；在"附加时钟"选项卡中可以显示其他时区的时间；在"Internet 时间"选项卡中用户可以使计算机与 Internet 时间服务器同步，如图 2-38 所示为"日期和时间"对话框。

2. 区域和语言

"区域和语言"对话框中有"格式""位置""键盘和语言""管理"四个选项卡，如图 2-39 所示。在"格式"选项卡中，可以设日期和时间的格式、数字的格式、货币的格式、排序的方式等；在"位置"选项卡中可以设置当前位置；在"键盘和语言"选项卡中，可以设置输入法及安装/卸载语言；在"管理"选项卡中可以对复制设置、更改系统区域位置进行设置。

图2-38 "日期和时间"对话框

图2-39 "区域和语言"对话框

2.4.4　添加和删除程序

用户向系统中添加和删除各种应用程序时，它们的一些安装信息会被写入系统的注册表中。因此，不应该简单地删除文件夹的办法来删除软件。因为简单地删除并不能删除软件在注册表中的信息，而且可能会影响其他软件的正常运行。因此，需要添加和删除程序时，应该使用系统提供的"添加/删除程序"功能。

1. 添加或删除系统组件

在安装 Windows 7 系统时，往往不会安装所有的系统组件，以节省硬件资源。如果需要使用未安装的组件，可以利用 Windows 7 系统盘进行安装。对于不用的组件，可以将其删除。

添加或删除组件的操作方法为：双击"程序"图标，打开"程序和功能"窗口，如图 2-40 所示。单击"程序和功能"下的"打开或关闭 Windows 功能"链接，将弹出"Windows 功能"窗口，如图 2-41 所示。在"打开或关闭 Windows 功能"列表框中选中要添加的组件；如果要删除原来安装过的组件，就取消选择组件名称前面的复选框，确认完自己的选择以后，单击右下角的"确定"按钮，系统将按照用户的选择执行组件的安装或删除操作。

图 2-40　"程序和功能"窗口　　　　图 2-41　"Windows 功能"窗口

2. 删除应用程序（卸载程序）

在"卸载或更改程序"列表框中右击要删除的程序图标，在弹出的快捷菜单中选择"卸载/更改"命令，系统就将运行与该程序相关的卸载向导，引导用户卸载相应的应用程序。

3. 添加新应用程序

从安装向导中可以看到，添加新程序分两类：

1）从 CD 或 DVD 安装程序

将光盘插入计算机，然后按照屏幕上的说明操作。如果系统提示输入管理员密码或进行确认，应输入该密码或提供确认。

2）从 Internet 安装程序

在 Web 浏览器中，单击指向程序的链接。执行下列操作之一：

（1）若要立即安装程序，单击"打开"或"运行"按钮，然后按照屏幕上的指示进行操作。如果系统提示输入管理员密码或进行确认，应输入该密码或提供确认。

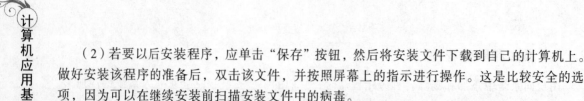

（2）若要以后安装程序，应单击"保存"按钮，然后将安装文件下载到自己的计算机上。做好安装该程序的准备后，双击该文件，并按照屏幕上的指示进行操作。这是比较安全的选项，因为可以在继续安装前扫描安装文件中的病毒。

4. 安装硬件驱动

驱动程序是计算机硬件设备正常工作必不可少的程序，是操作系统与硬件沟通的桥梁。一般情况下，主板的 CMOS 芯片里面已经自带了某些底层硬件设备的驱动程序，如硬盘、主板、显示器、光驱等，但是网卡、显卡和其他移动设备的驱动可能需要另外安装才可以正常使用。

由于 Windows 7 已集成了当前主流设备的几乎全部驱动，在系统安装过程中，已连接的硬件设备的驱动一般都会随之安装。如果在计算机中安装新硬件后发现有硬件设备无法工作，则需要用户手动安装驱动。

用户可以打开放置驱动程序安装文件的目录，双击名为 setup 或 install 的可执行文件手动安装硬件驱动。一般而言，驱动程序版本越高，越能发挥硬件的性能，因此当遇到官方发布适用于本机硬件的新驱动程序时，建议用户及时更新驱动。

在"设备管理器"窗口（见图 2-42）中，选中要更新驱动的设备并右击，在弹出的快捷菜单中选择"更新驱动程序软件"命令，然后按提示操作即可。

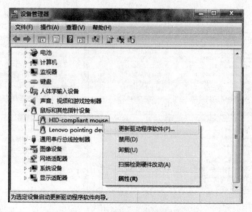

图 2-42 "设备管理器"窗口

5. 设备的禁用

假如某些设备暂时不需要使用，可以将设备暂时禁用，以便释放该设备占用的资源。如果某些设备暂时找不到安装的驱动程序，也可以将其禁用，以免不时弹出窗口要求安装驱动，避免影响工作。

如果要禁用某个设备，可以在"设备管理器"窗口中选中要禁用的设备并右击，在弹出的快捷菜单中选择"禁用"命令即可。如要启用某设备时，方法与禁用类似，只是在弹出的快捷菜单中选择"启用"命令即可。

2.4.5 网络和 Internet 连接的设置

在"控制面板"窗口中单击"网络和 Internet "选项，打开如图 2-43 所示的窗口，在这个窗口中可以查看网络状况和任务及连接到网络的计算机和设备，也可以设置网络 IP 地址和主页等。

1. 设置 IP 地址

单击"查看网络状态和任务"链接，在弹出的对话框中单击"本地连接"选项，选择本地连接对话框的"属性"选项，在弹出的"本地连接属性"对话框中双击"Internet 协议版本 4（TCP/IPv4）"选项，弹出如图 2-44 所示的对话框，在这里可以设置固定的 IP 地址或者设置为自动获取 IP 地址，以及设置固定的 DNS 服务器地址或自动获取 DNS 服务器地址。

图 2-43 "网络和 Internet"窗口

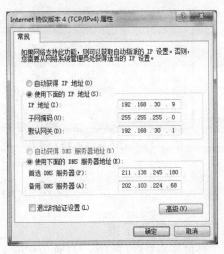

图 2-44 "Internet 协议版本 4（ICP/IPv4）属性"对话框

2. 无线网络连接

Windows 7 提供了更加方便的无线连接方法：在桌面的右下角单击系统的任务栏托盘区域中的网络连接图标，系统就会弹出如图 2-45 所示的无线网络连接对话框，系统会自动搜索到附近的无线网络信号，所有搜索到的可用无线网络就会显示在图 2-45 的下拉列表框中，如果将鼠标指针指向其中的一个信号名称，还可以查看具体的信息，例如名称、强度、安全类型等。如果网络没有加密，则会在信号强度图标上方显示一个带有感叹号的安全提醒标志，对于这些没有加密的网络，选中其中一个无线网络图标，然后右击，再在快捷菜单中选择"连接"命令，就可以上网了。如果连接的是加密网络，就要输入密码方可上网。

3. 设置主页

主页，也称首页或起始页，是用户打开浏览器时自动打开的一个或多个网页。操作步骤如下：

（1）打开浏览器，选择"工具"→"Internet 选项"命令，弹出如图 2-46 所示的"Internet 选项"对话框，在"常规"选项卡中的"主页"文本框里输入要设为主页的网址，再单击、"确定"按钮，重启浏览器看到的就是刚刚设置的主页。

（2）在"控制面板"窗口中单击"网络和 Internet"链接，选择"更改主页"选项，在弹出的对话框中选择"常规"选项卡，直接在主页文本框里输入要设为主页的网址，单击"确定"按钮也可以重新设置主页。

图 2-45　无线网络连接对话框

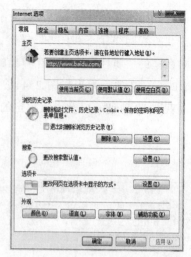

图 2-46　"Internet 选项"对话框

2.5　常用工具的使用

2.5.1　文件的压缩

　　经过压缩软件压缩的文件称为压缩文件，它可以减少文件的占用的空间，便于保存和传输。现在比较流行的是 WinRAR、WinZip 和好压，其中 WinRAR 是最常用的压缩软件。WinRAR 是一个强大的压缩文件管理工具，能解压缩 RAR、ZIP 等格式的压缩文件，并能创建 RAR 和 ZIP 格式的压缩文件。WinRAR 是目前流行的压缩工具，界面友好，使用方便，在压缩率和速度方面都有很好的效果。

1.　压缩方法

　　（1）选中要制作成压缩包的一个或者多个文件或文件夹。

　　（2）在这些选中的对象上右击，在弹出的快捷菜单中选择"添加到压缩文件"命令，如图 2-47 所示，然后在弹出的对话框中进行各项设置，例如选择压缩包存放目标路径或者压缩格式：RAR 和 ZIP，如果要得到较大的压缩率，建议选择 RAR 格式，如图 2-48 所示。

图 2-47　"添加到压缩文件"命令

　　（3）各个选项设置好以后，单击"确定"按钮，就开始制作压缩包。如果上一步选择"添加到'×××.rar'"命令，则直接得到一个×××.rar压缩文件，无须进行设置。

2. 解压文件

（1）解压整个压缩包：在 RAR 压缩包上右击，在弹出的快捷菜单中选择"解压到当前文件夹"命令，即可把整个压缩包解压到当前目录。

（2）解压压缩包中的某文件或者文件夹：双击 RAR 压缩包，弹出如图 2-49 所示的对话框，选择其中要解压的某文件或者文件夹，单击"解压到"按钮，然后选择具体的存放位置即可。

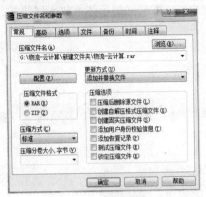

图 2-48 压缩对话框

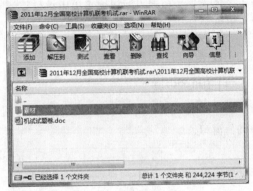

图 2-49 解压对话框

2.5.2 输入法的设置

1. 选择中文输入法

中文版 Windows 7 可支持众多中文输入形式：智能 ABC、全拼、郑码、搜狗、五笔字型、微软拼音、紫光拼音、语音识别、手写识别等，并自带多种输入法。

可以按【Ctrl + Space】组合键来启动或关闭中文输入法，按【Ctrl + Shift】组合键在英文及各种中文输入法之间进行切换，按【Shift + Space】组合键实现全角和半角之间的切换。

2. 中文输入法和字体的安装与删除

1）输入法的安装

对于 Windows 7 系统提供的中文输入法，在"控制面板"中单击"时钟、语言和区域"链接，弹出"区域和语言选项"对话框。在"键盘语言"选项卡中单击"更改键盘"按钮，然后在弹出的如图 2-50 所示的"文字服务和输入语言"对话框中，单击"添加"按钮，可以添加需要安装的输入法。

对于非 Windows 7 内置的输入法，如"紫光拼音""五笔字型""搜狗"等输入法，可以根据该软件的使用说明进行安装。

2）输入法的删除

如果用户要将已安装的某种输入法删除，其操作方法是：在如图 2-50 所示的"文字服务和输入语言"对话框的"已安装的服务"列表框中

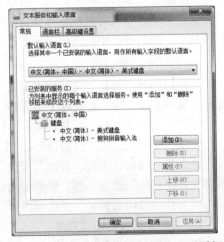

图 2-50 "文本服务和输入语言"对话框

选中该输入法，然后单击"删除"按钮。

3）安装新字体

中文 Windows 7 提供安装和删除各种字体的功能，安装新的字体有两种方法：一种是直接从系统的字体文件夹或他文件夹中安装；另一种是由软件商提供的新字体安装程序完成。

4）删除字体

直接在"字体"文件夹中进行字体的删除。先选中要删除的字体文件，然后按【Del】键或右击字体文件，在弹出的快捷菜单中选择"删除"命令。一般删除的字体被放入回收站，需要时可以恢复使用。

2.5.3 设备和打印机的设置

1. 打印机的安装

双击"控制面板"窗口中的"设备和打印机"图标，将打开如图 2-51 所示的"设备和打印机"窗口。

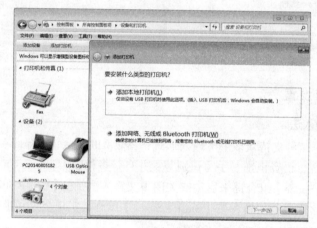

图 2-51 "设备和打印机"窗口

从该窗口中可以添加新的打印机安装程序或删除已有的打印机设备。在菜单下方的任务栏中，单击"添加打印机"链接，可以弹出"添加打印机"对话框，进入选择打印机端口类型界面，根据打印机的型号来选择打印机的端口类型，然后单击"下一步"按钮，添加新的打印机。下边的窗格中的图标表示的是系统中已经添加的打印机和其他设备。

2. 打印机共享设置

打印机的共享有利于局域网内部其他用户方便地使用打印机，从而提高了设备的利用率，实现了资源共享，在一定程度上也提高了办公的效率。

下面介绍在 Windows 7 中如何实现打印机共享。

1）防火墙的设置，允许打印机共享

进入控制面板，单击"系统和安全"链接，进而选择"Windows 防火墙"选项，继续单击"允许的程序"链接，然后进入"允许程序通过 Windows 防火墙通信"的列表，在列表中选中"文件和打印机共享"复选框即可，如图 2-52 所示。

2）添加并设置打印机共享

打开"控制面板"，依次进入"硬件和声音"→"设备和打印机"→"添加打印机"界面。右击要共享的打印机图标，在弹出的快捷菜单中选择"打印机属性"选项，在属性对话框中选择"共享"选项卡，选中"勾选这台打印机"复选框，再填写相应的打印机信息。

3）查看打印机的共享情况

从"控制面板"进入"网络和 Internet"选项，再进入"查看网络计算机和设备"选项，双击"本地计算机"图标，查看是否存在共享的打印机，如果存在，则共享设置成功。

3. 局域网中其他计算机对共享打印机的访问方法

在任意一台需要访问共享打印机的计算机上安装打印机驱动程序。具体步骤为：打开"控制面板"，依次进入"硬件和声音"→"设备和打印机"选项，单击"添加打印机"链接，在打开的窗口中选择"添加网络打印机"选项，单击"下一步"按钮，如果网络连接正常，会搜索到局域网中共享的打印机。在此选择需要的打印机名称，单击"下一步"按钮，设置打印机的名称，然后打印测试页，以确保打印机正确安装。

图 2-52　"允许程序通过 Windows 防火墙通信"界面

2.5.4　画图软件的使用

画图程序是 Windows 7 提供的一个简易图像处理工具，可用于在空白绘图区域或在现有图片上创建绘图，能进行简单绘画、着色、变形等操作。编辑完成后的绘画作品可保存为 JPG、GIF、TIF 或 BMP 等位图文件格式。Windows 7 的画图软件引入了 Ribbon 菜单，从而使得这个小工具的使用更加方便。

启动"画图"软件的主要方式是选择"开始"→"所有程序"→"附件"→"画图"命令。打开的画图窗口如图 2-53 所示。

1. 界面介绍

画图工具主要分为两个功能区，分别是"主页"和"查看"。功能区位于画图窗口的顶部，包括许多绘图工具的集合。另外在功能区顶部的选项卡左侧还有画图文件操作按钮。

（1）"标题栏"：用于执行保存、撤销、重做等操作。

（2）"功能选项卡和功能区"：提供具体的命令。

（3）"绘图区"：用于显示和编辑当前图像。

（4）"状态栏"：用于显示当前操作图像的相关信息。

（5）"缩放比例工具"：用于按一定的比例缩小或放大图像信息。

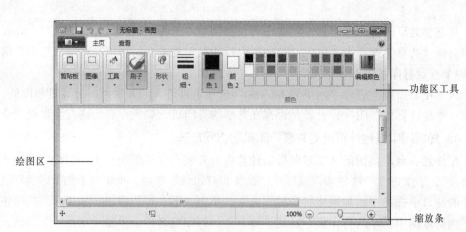

图 2-53　画图窗口

2．工具及命令的特点和用途介绍

（1）"图像"栏：主要提供选择命令，根据选中对象的不同，提供矩形或自由选择等方式，还可以对图像进行剪裁、重新调整大小、旋转等。

（2）"工具"栏：提供各种常用的绘图工具，包括铅笔、油漆桶、插入文字、橡皮、吸管、放大镜等。

（3）"刷子"栏：单击"刷子"下拉按钮，在弹出的下拉列表中，有九种刷子格式可供选择。

（4）"形状"栏：单击"形状"下拉按钮，在弹出的下拉列表中，有 23 种基本图形样式可供选择。

（5）"粗细"栏：用于设置所有绘图工具的粗细程度。选择绘图工具后，单击该选项下的下拉按钮。

（6）"颜色"栏："颜色 1"为前景色，用于绘制线条颜色；"颜色 2"为背景色，用于绘制图像填充色。单击"颜色 1"或"颜色 2"选项后，在颜色块里选择任意颜色即可。

绘制和编辑完成之后的图形还要进行保存，保存图形的方法为：单击快捷菜单上的按钮，在弹出的菜单中单击"保存"按钮，选择保存位置，给图形文件命名，选择文件类型即可。

3．绘图工具箱

绘制图形时首先要根据绘制的对象在"工具箱"中选择合适的绘图工具，常用的绘图工具的部分按钮外观及功能如表 2-4 所示。

表 2-4　画图工具按钮及其功能表

工　具　按　钮	名　　称	功　　　　　能
裁剪工具图标	裁剪工具	可以对图片进行任意形状的裁切
选定工具图标	选定工具	用于选中方形或矩形区域
橡皮工具图标	橡皮工具	用于擦除绘图中不需要的部分，可根据要擦除的对象大小来选择合适的橡皮擦
油漆桶工具图标	油漆桶工具	可对一个选区进行颜色填充，以达到不同的表现效果。单击填充前景色，右击填充背景色。在填充时，一定要在封闭的范围内进行。
吸管工具图标	吸管工具	此工具的功能等同于在颜料盒中进行颜色的选择。选择该工具，在要操作的对象上单击，颜料盒中前景色随之改变，而对其右击，则背景色发生相应的改变

工 具 按 钮	名 称	功 能
Q	放大镜工具	要对某一区域进行详细观察时,可以使用放大镜进行放大
✏	铅笔工具	此工具用于不规则线条的绘制
🖌	刷子工具	用于随意绘制各种形状的工具,刷子的形状可以调节
A	文字工具	可在绘图区输入文字,以达到图文并茂的效果
╲	直线工具	用于绘制直线,水平,垂直或成 45° 角的直线
⌇	曲线工具	用于绘制曲线线条
▢ ⬭ ▭	矩形、椭圆和圆角矩形工具	用于绘制矩形、椭圆和圆角矩形,如在拖动的过程中同时按【Shift】键,可画出正方形、圆形和圆角正方形
◿	多边形工具	用于绘制多边形

2.5.5 计算器的使用

"计算器"程序提供了一个进行算术、统计及科学计算的工具,其作用和使用方法与常用的计算器基本相同。在"开始"菜单中选择"所有程序"→"附件"→"计算器"命令,即可启动"计算器",如图 2-54 所示为标准型"计算器"窗口。

"计算器"有多种类型:标准型计算器、科学型计算器、程序员型计算器和统计信息型计算器等。标准型计算器用于执行简单的算术运算,科学型计算器可以用来执行指数、对数、三角函数、统计以及数制转换等复杂运算,如图 2-55 所示。计算器的类型转换可通过"查看"菜单进行切换。

图 2-54 标准型计算器窗口

图 2-55 科学型计算器窗口

用"计算器"工具进行运算操作时,可以单击显示面板上的按钮,或用键盘按键输入数字和运算操作符号,也可以通过"复制""粘贴"命令与剪贴板交换数据。

2.5.6 写字板、记事本与便笺

1. 写字板操作

写字板是中文 Windows 7 附件中的一个常用的应用程序,是一个字处理程序,用于文档的编辑,它具有字处理软件的基本功能。

选择"开始"→"所有程序"→"附件"→"写字板"命令,打开"写字板"窗口,如图 2-56 所示。

在写字板窗口中，除具有"主页"和"查看"功能区外，还有几个很重要的组成部分：工具栏、格式栏、标尺和放大缩小滚动条。工具栏中包括使用写字板时经常要用到的工具；格式栏包括基本的格式排版工具；标尺中包括制表符位置、缩进的设置和标尺刻度。在"查看"功能区中，状态栏和标尺都可以隐藏起来，也可以对度量单位进行更改。

2. 记事本

记事本是一个小巧的编辑纯文本文件编辑器。纯文本文件只包括最基本的 ASCII 字符，不包含任何格式。

与写字板和 Word 相比，记事本只有简单的格式处理能力，只能编辑文字和数字，不能插入图片到记事本中，也不能将文件另存为 DOCX 格式的文件。但是，记事本运行速度快，占用空间小，在某些场合如临时编辑源程序、文本文字查看和编写中，用记事本打开和操作的速度很快，编辑的文本可以在任何编辑或浏览环境中查看，是一个非常实用的应用程序。

选择"开始"→"程序"→"附件"→"记事本"命令，打开"记事本"窗口，如图 2-57 所示。

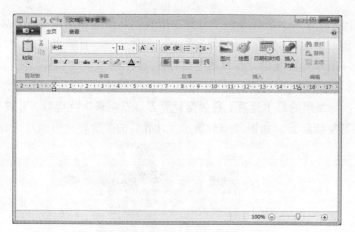

图 2-56 "写字板"窗口   图 2-57 "记事本"窗口

在"记事本"窗口输入时，无论一段文本有多长，都在同一行显示。在菜单栏中选择"格式→ 自动换行"命令，可以使文本以当前窗口的宽度自动换行。

3. 便笺

"便笺"具有备忘录、记事本的特点。用户可以使用便笺编写待办事项列表，快速记下电话号码，或者记录任何可用便笺纸记录的内容。

启动"便笺"程序的方法是：选择"开始"→"所有程序"→"附件"→"便笺"命令。打开"便笺"窗口后，就可以在"便笺"的空白区域输入内容了。还可以进行新建、删除、改变便笺大小等操作，具体操作方法如下：

（1）新建便笺：单击"便笺"上方的"＋"按钮，即可新建便笺。

（2）删除便笺：单击"便笺"上方的"×"按钮，会弹出对话框，询问是否删除便笺，单击"是"按钮，即可删除便笺。

（3）更改便笺颜色：在便笺上右击，在弹出的快捷菜单中选择相应的颜色即可。

（4）改变便笺大小：在便笺的边或角上拖动，即可改变便笺大小。

2.5.7　系统工具

在"附件"的"系统工具"中有很多对计算机系统进行管理的实用程序，如"磁盘清理程序""磁盘碎片整理程序"。

1. 磁盘清理程序

启动磁盘清理的操作方法：选择"开始"→"所有程序"→"附件"→"系统工具"→"磁盘清理"→"选择驱动器"命令，在弹出的对话框中选择驱动器，单击"确定"按钮系统就开始进行清理指定驱动器的工作，然后弹出磁盘清理对话框，用于确认删除一些多余的文件。

文件在磁盘中是按块存放的。当要存放一个文件时，操作系统会为此文件在磁盘中寻找空闲的可以分配的磁盘块，找到后则将文件存放在此块中。如果此块放不下，则继续寻找下一块，依此类推。

2. 磁盘碎片整理程序

Windows 7 系统提供的"磁盘碎片整理程序"能够根据文件使用的频繁程度将磁盘上的文件重新排列，使这些分布在不同物理位置上的文件重新组织到一起。这样，读取这些文件的速度被加快，从而提高了系统的效率。

启动磁盘碎片整理程序的操作方法：选择"开始"菜单→"所有程序"→"附件"→"系统工具"→"磁盘碎片整理"命令，在弹出的对话框中选择驱动器，单击"分析磁盘"或"磁盘碎片整理"按钮，系统就按设置进行磁盘分析或碎片整理操作，如图 2-58 所示。

图 2-58　"磁盘碎片整理程序"对话框

对话框还有一个"配置计划"按钮，使用它可以安排计算机在预订的时间自动执行预订的任务，如每月进行一次磁盘碎片整理任务等。

要添加配置任务计划，只要在"配置计划"窗口中双击"配置计划"选项，弹出"修改计划"向导对话框，通过向导进行添加任务及任务执行的时间设置。

2.5.8　娱乐软件的使用

除了专业的录音系统外，用户可以使用录音机来录制声音，并将其作为音频文件保存在计算机上。录音前要确保能正常工作的音频输入设备（如麦克风）连接到计算机上。

操作步骤如下：

（1）选择"开始"→"所有程序"→"附件"→"录音机"命令。

（2）打开"录音机"对话框后，单击"开始录制"按钮，就开始录制音频了，如图2-59所示。若要停止录制音频，则单击"停止录制"按钮。如果要继续录制音频，可单击"另存为"对话框中的"取消"按钮，然后单击"继续录制"按钮继续录制声音。

（3）录音完毕后单击"停止录制"按钮。在"文件名"文本框中为录制的声音输入文件名，然后单击"保存"按钮，将录制的声音另存为音频文件。

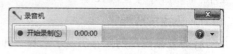

图 2-59 "录音机"窗口

2.5.9 命令提示符

在 Windows 7 环境下，能运行各种类型的应用程序，包括基于 MS-DOS 的应用程序。MS-DOS 是利用命令行来执行命令和应用程序的。出于现实原因，用户有时还要用到 MS-DOS 平台。Windows 7 通过执行"命令提示符"应用程序，模拟 MS-DOS 环境，用这种方式可以运行大多数基于 MS-DOS 的应用程序。

1. **打开"命令提示符"窗口**

（1）选择"开始"→"所有程序"→"附件"→"命令提示符"命令，即可打开命令提示符窗口，如图2-60所示。

（2）选择"开始"→"运行"命令，在"运行"对话框输入 CMD 命令并运行，打开命令提示符窗口。

每个命令提示符窗口都是一个虚拟的 MS-DOS 环境，可以把它当作 DOS 界面来使用。

图 2-60 "命令提示符"窗口

2. **MS-DOS 概述**

在"命令提示符"窗口中，用户可以像在MS-DOS中那样运行MS-DOS命令和基于MS-DOS的应用程序。

1）DOS 提示符

当打"命令提示符"窗口时，在窗口内出现的"C:\Users\administrator>"称为 DOS 提示符，DOS 提示符提供了两个基本信息：一是当前盘（此时为 C 盘）；二是当前盘的当前目录（此时为\Users\administrator 目录）。

2）命令行

在 DOS 提示符下，可输入 DOS 命令或其他应用程序的可执行文件名及必要的参数，从而使计算机完成 DOS 命令和应用程序的执行任务。

第3章

→ 文字处理软件 Word 2010

学习目标

- 了解和掌握 Word 2010 的基本操作。
- 会用 Word 2010 进行内容的基本编排。
- 会用 Word 2010 进行表格的操作。
- 会用 Word 2010 进行图文混排。
- 会用 Word 2010 进行一些高级操作。

3.1 概　　述

　　Word 2010 是美国微软公司为计算机用户开发的一种字处理软件，也是该公司办公自动化软件"Office 2010"中一个重要的组成部分。在众多的字处理软件中，Word 2010 具有更为强大的文本处理能力和文档编辑功能，通过 Word 2010 用户不仅可以编排版面丰富的文档，还可以制作报表、插图、新闻稿件、数学公式等等。相比以往的 Word 2003，Word 2010 具有更多独特的优势，如：发现改进的搜索与导航体验、与他人协同工作、几乎可从任何位置访问和共享文档、向文本添加视觉效果、将文本转换为醒目的图表、为文档增加视觉冲击力、恢复用户认为已丢失的工作、跨越沟通障碍、将屏幕截图和手写内容插入到文档中，利用增强的用户体验，完成更多文档处理工作等。

3.1.1　主要功能

　　Word 2010 具有以下功能：

1. 所见即所得

　　友好的屏幕界面功能，使得操作界面和打印效果在屏幕上一目了然。

2. 图文混排

　　利用 Windows 环境下的剪贴板功能，可以将图形顺利地插入文档内进行多种版式的设置。另外，新增的绘图功能、艺术字效果，使文字的显示更加美观，真正做到了图文并茂。

3. 自动更正

　　在输入文字的同时自动更正各种错误，不必再担心因为错按了【Caps Lock】键而造成书写错误，例如将 China 错写成 CHINA。现在，Word 会自动将其恢复成 China，并自动关闭 Caps

Lock 功能。在输入单词时，自动弹出单词的后半部分让用户选择，也会自动改正拼写错误。

4. 拼写与语法检查

英文拼写与语法检查功能使英文文章的正确性大为提高。Word 在进行拼写检查时，能够同时对语法进行检查，如有异常会以下划线的方式提示。

5. 自动标题

Word 可以对所输入的文本自动提供标题样式。

6. 模板

中文 Word 内含有多种文档模板，可以帮助简化字处理的排版作业。

3.1.2 启动和退出

1. 启动 Word 2010

启动 Word 2010 可以按下面几种方法执行：

（1）使用"开始"菜单启动 Word，如图 3-1 所示。

① 单击"开始"菜单。

② 选择 Microsoft Word 2010 命令。

（2）使用桌面快捷方式启动 Word，如图 3-2 所示。

在 Windows 环境下，使用桌面快捷方式是启动应用程序最便捷的方式。创建了 Word 的桌面快捷方式后，只需直接在桌面上双击该快捷方式图标即可。

2. 退出 Word 2010

可以单击 Word 2010 窗口右上角的"关闭"按钮或单击"文件"菜单下的"关闭"命令退出 Word 2010。

图 3-1 利用"开始"菜单启动 Word   图 3-2 利用快捷方式启动 Word

3.1.3 窗口的组成

1. Word 2010 窗口简介

每个 Windows 应用程序都有各自的窗口，启动 Word 2010 后即可出现如图 3-3 所示的窗口界面。总的来说，Word 2010 的窗口主要包括标题栏、标签、功能区、文档编辑区及状态栏等部分。

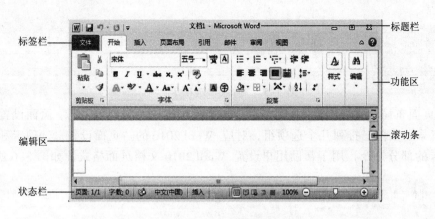

图 3-3　Word 2010 窗口界面

（1）标题栏：包括正在编辑的文档的名称、程序名称及右上方的控制按钮。控制按钮中的 ▬ 为"最小化"按钮， ▣ 为"最大化"按钮， ✖ 为"关闭"按钮。

（2）标签栏：是 Word 中各种操作命令的集合。

（3）功能区：把鼠标放在某个标签上后，单击就会显示出该选项卡所有工具，用于完成对文档的各种操作。

（4）文档编辑区：在此区域对各种 Word 对象进行编辑操作。

（5）状态栏：包括一些状态数据，如页码、字数、视图模式等。

（6）滚动条：当窗口中不能显示文档中的所有内容时，会在窗口右侧或底部显示滚动条，拖动滚动条即可浏览文档中未显示的其他页面内容。

2. Word 2010 的功能区介绍

Word 2010 取消了传统的菜单操作方式，取而代之的是功能区。在 Word 2010 窗口上方看起来像菜单的名称，其实是功能区的名称，当单击这些名称时会切换到与之相对应的选项卡界面。每个选项卡所拥有的功能各不相同，并且用户可以添加新的选项卡。每个选项卡根据功能的不同分为若干个选项组，中间用竖排虚线条隔开，通常选项组的右下角会有一个对话框启动器按钮，单击它就会弹出相应的对话框或者窗口。

（1）"开始"选项卡。"开始"选项卡从左到右依次包括剪贴板、字体、段落、样式和编辑五个选项组，该选项卡主要用于帮助用户对 Word 2010 文档进行文字编辑和格式设置，是用户最常用的，如图 3-4 所示。

图 3-4　"开始"选项卡

（2）"插入"选项卡。"插入"选项卡从左到右依次包括页、表格、插图、链接、页眉和页脚、文本、符号几个选项组，对应 Word 2010 中"插入"选项卡的部分命令，主要用于在 Word 2010 文档中插入各种元素，如图 3-5 所示。

图 3-5　"插入"选项卡

（3）"页面布局"选项卡。"页面布局"选项卡左到右依次包括主题、页面设置、稿纸、页面背景、段落、排列几个选项组，对应 Word 2010 的"页面设置"选项卡和"段落"选项卡的部分命令，用于帮助用户设置 Word 2010 文档页面格式，如图 3-6 所示。

图 3-6　"页面布局"选项卡

（4）"引用"选项卡。"引用"选项卡左到右依次包括目录、脚注、引文与书目、题注、索引和引文目录几个选项组，用于实现在 Word 2010 文档中插入目录、脚注和索引等高级编辑功能，如图 3-7 所示。

图 3-7　"引用"选项卡

（5）"邮件"选项卡。"邮件"选项卡包括创建、开始邮件合并、编写和插入域、预览结果和完成几个组，该选项卡的作用比较专一，专门用于在 Word 2010 文档中进行邮件的创建、邮件合并等操作，如图 3-8 所示。

图 3-8　"邮件"选项卡

（6）"审阅"选项卡。"审阅"选项卡包括校对、语言、中文简繁转换、批注、修订、更改、比较和保护几个选项组，主要用于对 Word 2010 文档进行校对和修订等操作，适用于多人协作处理 Word 2010 长文档，如图 3-9 所示。

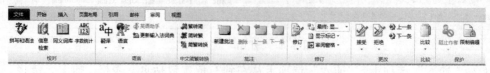

图 3-9　"审阅"选项卡

（7）"视图"选项卡。"视图"选项卡包括文档视图、显示、显示比例、窗口和宏几个选项组，主要用于帮助用户设置 Word 2010 操作窗口的视图类型，以方便操作，如图 3-10 所示。

图 3-10 "视图"选项卡

3.2 文档的制作和文字编辑

3.2.1 文档的创建和打开

1. 创建文档

创建文档是一种经常性的操作，在编辑处理不同文档之前，都需要先创建好文档。其方式有很多，下面介绍最常用的一些方法。

（1）启动 Word 时自动创建空白文档。

启动 Word 2010 后，系统将直接建立一个新的文档，并在标题栏显示"文档 1"。

（2）编辑过程中创建新文档。

单击"文件"下的"新建"，然后在右边的任务窗格中单击"空白文档"或利用快捷键【Ctrl + N】新建空白文档，如图 3-11 所示。

图 3-11 创建文档

2. 打开文档

（1）打开最近使用的文件。

Word 2010 为了方便继续进行前面的工作，系统会记住最近使用过的文件。当打开 Word 2010 后，从"文件"下的列表中"最近所用文件"选项可以看到最近所用过的文件。如果要打开某个文件，只需要单击该文件名即可。

（2）打开其他文档。

在文档的管理与编辑时，常常需要打开原来保存的文档，其打开方法为：

① 从"文件"下的列表中选择"打开"命令，弹出"打开"对话框。

② 在此对话框中，"查找范围"列表框显示的是当前的文件夹，单击该框右方的下三角按钮，可以选择不同的驱动器和文件夹。

③ 在"文件类型"下拉列表框中显示当前驱动器、文件夹下的文件类型，其默认的为"所有 Word 文档"，如图 3-12 所示。

图 3-12　打开文档

3.2.2　文字的输入和编辑

1．文字的输入

在 Word 2010 中输入文字时，首先必须找到插入点，插入点又称光标，形状为一闪烁的竖线"|"，正文输入的位置与插入点位置密切相关。移动插入点可以使用鼠标单击。当插入点位置不在当前屏幕上时，可以利用滚动条。也可以在空白区域中用户需要的位置上双击。利用键盘移动插入点除了使用【←】【→】【↑】【↓】【PageDown/PgDn】【PageUp/PgUp】外，还常常用【Home】【End】【Ctrl+Home】和【Ctrl+End】等键，后者分别用于：移到本行首、移到本行尾、移到文档首和移到文档尾。光标快速定位功能键见表 3-1。

表 3-1　光标快速定位功能键

按　　键	功　　能	按　　键	功　　能
【Home】	移到当前行的开头	【Ctrl+PageUp】	移到上页的开头
【End】	移到当前行的末尾	【Ctrl+PageDown】	移到下页的末尾
【PageUp】	上移一屏	【Ctrl+Home】	移到文档的开头
【PageDown】	下移一屏	【Ctrl+End】	移到文档的末尾

在录入的过程中有以下几点需要注意：

（1）中英文切换。

启动 Windows 后，默认状态是英文输入状态，在文档里输入的是英文字符数字，如果要输入中文汉字，就需要把英文输入法转换为汉字输入状态。可以采用【Ctrl +空格】组合键在中文输入法和英文输入法之间切换。或采用【Ctrl +Shift】组合键进行输入法的切换。

（2）输入特殊符号。

在输入内容的时候，经常为遇到顿号、省略号等一些特殊的、很难从键盘上直接输入的符号，可以先打开中文输入法，设为中文标点符号后，直接用快捷键从键盘输入。表 3-2 是一些比较常用的中文符号输入方式。

也可以从【插入】选项卡中，选择"符号"或选择"其他符号"命令，然后从中选择合适的符号插入，如图 3-13 所示。

表 3-2 中文符号输入快捷键

符号名称	快捷键
¥	Shift + 4
—	Shift + 7
——	Shift + -
、	\
《	<
》	>

图 3-13 插入符号

2. 文字的基本编辑

（1）选择正文。

在 Word 2010 中，有许多操作都是针对选择的对象进行工作的，它可以是一部分文本，也可以是图形、表格等。

常用的选择对象的方法是：利用鼠标在选定栏上的单击、双击和三击，分别选择一行、一段和全文；用鼠标拖动或按【Shift】与光标移动键连用选择任意一段连续文字；用【Alt】键和鼠标拖动连用选择列表块。

当用户选择了某些文字或项目后，又想取消选择，可以单击任意未被选择的部分；或单击任意一个插入点（光标）移动键。

需要说明的是，若用户此时按键盘其他键，将删除被选择的内容，取而代之的是这个键的字符，用户可以单击按钮 ↶ "撤销"命令，来撤销刚才的操作。

（2）剪切、复制和粘贴

当一篇文章中多次出现某一段词句或项目时，用户可以不必重复输入，利用复制和粘贴操作，可以快速地在文章中多次复制这些内容。移动或复制操作可以实现将某块文字或项目（如图、表等）从当前文档的一处移动或复制到另一处，甚至移动或复制到另一文档中。

移动/复制操作可以使用命令方式或鼠标方式。使用命令方式的步骤是：

① 选择要移动/复制的文本块或项目。

② 使用"开始"选项卡"剪贴板"工具栏上的"剪切" ✂/"复制" ⧉ 按钮，或使用快捷键【Ctrl+X】/【Ctrl+C】。

③ 如果是移动/复制到另一文档中，则打开另一文档，或利用窗口操作切换到另一文档。

④ 将插入点定位于需要获得本模块或项目的位置。

⑤ 使用"开始"选项卡的"粘贴" ⧉ 按钮，或使用快捷键【Ctrl+V】，粘贴对象。

3. 删除、撤销和恢复

删除文字可以使用键盘的【Delete】(【Del】)键或【Backspace】键，它们分别用于删除插入点后的内容或删除插入点前的内容。

若需要删除一块连续的文字或项目，则先选中它们，再按【Delete】键或【Backspace】键。

撤销操作是一个非常有用的操作，它可以撤销用户的误操作，甚至可以取消多步操作，回到原来的状态。使用撤销的方法是左上角工具栏上的 ↶ 按钮；或使用快捷键【Ctrl+Z】。

若使用撤销一步或多步操作后，发现已撤销过头，则可以使用"恢复"命令，以还原用"撤销"命令撤销的操作。方法可用左上角工具栏上的"撤销" ⬡ 按钮。

4. 查找和替换

Word 2010 提供了一个查找替换功能，通过它可查找一个字、一句话或者是一段内容，当然，还可以用它来替换某些内容。

（1）查找的步骤

选择"开始"选项卡中"编辑"工具栏上的"查找"按钮，弹出如图 3-14 所示的"导航"对话框。输入要查找文本即可。

（2）执行替换的步骤。

选择"开始"选项卡中"编辑"工具栏上的"替换"按钮，弹出如图 3-15 所示的"查找和替换"对话框。输入需查找和替换的内容即可。

图 3-14 "导航"对话框　　　　图 3-15 "查找和替换"对话框

3.2.3 文档的保存

在编辑文档的时候，经常需对文档进行保存的操作，以免发生文件丢失而造成损失。

1. 保存新文档

（1）单击"文件"菜单下的"保存"命令，会弹出"另存为"对话框，如图 3-16 所示。

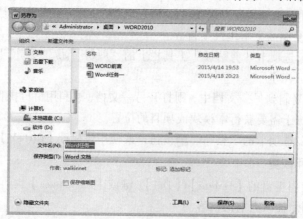

图 3-16 "另存为"对话框

（2）单击"保存位置"右边的下三角按钮打开列表，从列表中选择要保存文件的位置。

（3）在"文件名"文本框中输入文件名，例如，输入"将进酒"作为文件名。

（4）单击"保存"按钮。

（5）单击"文件"下的"退出"命令即可关闭当前文档。

当一个文档保存过一次以后，再次在同一磁盘位置保存时就无须再输入文档名和文件名了。只需要直接单击左上角的"保存"按钮，该文档便以原来相同的名称保存在原来保存过的位置。

2. 保存曾经保存过的文档

在对已有文档的保存中，不会出现"另存为"对话框。如果此时需要换一个名字，换一种格式、换一个位置保存此文件，例如需要将已有的名为"将进酒"的 Word 文件修改后，从当前的位置保存到桌面上，其操作方法如下：

（1）打开文件名为"将进酒"的文档。

（2）选择"文件"→"另存为"命令。

（3）在"保存位置"处单击，从下拉菜单种选择"桌面"命令。单击"保存"按钮完成以上操作。

3. 自动保存

自动保存是为了防止突然死机、断电等偶然情况而设计的。Word 2010 提供了在指定时间间隔自动保存文档的功能。

设置自动保存的方法如下：

（1）选择"文件"→"选项"命令，出现"选项"对话框。

（2）选择"保存"选项卡，如图 3-17 所示。

（3）选中"自动保存时间间隔"复选框，在"分钟"框中，输入要保存文件的时间间隔。

图 3-17　自动保存设置

3.2.4　视图切换

视图是 Word 文档在计算机上的显示方式。Word 2010 主要提供了草稿、页面视图、大纲视图、阅读版式视图和 Web 版式视图 5 种方式。视图方式的切换可选择"视图"选项卡，然

后在选项组中选择"草稿""页面视图""大纲视图""阅读版式视图"和"Web 版式视图"等，如图 3-18 所示。下面就这些视图方式进行分别的介绍。

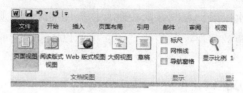

图 3-18　视图切换界面

1. 页面视图

在页面视图方式下，用户所看到的文档内容和最后文档通过打印输出的结果几乎是完成一样的。也就是一种"所见即所得"的方式。在页面视图方式下，可以看见文档所在纸张的边缘，也能够显示出添加的页眉、页脚等附加内容，还可以对图形图像对象进行操作。可以说页面视图方式是文档编辑中最常用的一种视图方式。

2. Web 版式视图

在 Web 版式视图方式是以网页的形式显示 Word 2010 文档，适用于发送电子邮件和创建网页。

3. 大纲视图

大纲视图中的分级显示符号和缩进显示了文档的组织方式，并使快速重新组织文档变得更加容易。能够突出文档的主干结构。为了能够便于查看和重新组织文档结构，可以对文档进行折叠，以便只显示所需标题。可以在大纲视图中上下移动标题和文本，还可以通过使用"大纲"工具栏上的按钮完成提升或降低标题和文本。当需要创建、查看或整理文档结构时，选用大纲视图比较合适。

4. 草稿视图

草稿视图取消了页面边距、页眉、页脚和图片等元素，仅显示标题和正文，是最节省计算机资源的视图方式。

5. 阅读版式视图

阅读版式视图可以方便用户对文档进行阅读和评论。阅读版式视图中显示的页面设计是为适合用户的屏幕，而这些页面不代表用户在打印文档时所看到的实际效果。在此版式中如果要修改文档，只需在阅读时编辑文本，而不必从阅读版式视图切换出来。在阅读版式视图下，文档内容的显示就像一本打开的书一样，将相连的两页显示在一个版面上，使得阅读文档十分方便。

3.3　文档的编排

3.3.1　字符格式的编排

1. 字体、字号、字形

1）用"字体"选项组来设置字体、字号、字形

（1）用 Word 2010"开始"选项卡中"字体"选项组来设置字体、字号、字形，如图 3-19

所示。设置字体、字号及字形方法如下：

① 选中要设置的文字。

② 单击"字体"选项组中所需的按钮。单击"加粗"，这时所选择的文字会变粗。

③ 单击"字体"选项组中的"字的颜色"出现下拉列表，从中选择合适的颜色。

④ 单击"字体"选项组"字号"旁的下三角按钮，出现下拉列表，从中选择合适的字号。

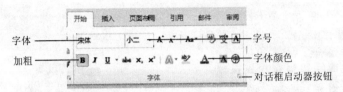

图 3-19 用"字体"选项组来设置字体、字号、字形

（2）使用"格式刷"按钮 可以方便地复制各种格式，方法是：

① 先选中具有某种格式的文字，然后单击"格式刷"按钮 。

② 此时，鼠标变为刷子样式，把光标移动到需要改变格式的文字上，拖动鼠标选择这些文字即可。

2）使用"字体"对话框来设置

也可以使用"字体"对话框来改变字体格式，方法是：

① 选择要设置格式的文字。

② 选择"字体"右下角的"对话框启动器"按钮，打开如图 3-20 所示的"字体"对话框，在此对话框中可以设置字体、字号及字形。

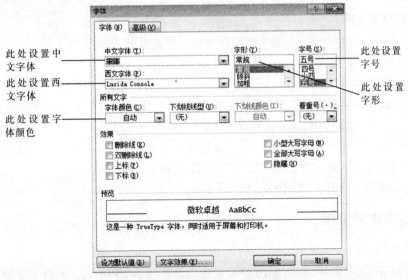

图 3-20 "字体"对话框

2. 文字的颜色

颜色、边框与底纹是对文本的一种效果修饰，目的是强调需要突出的内容、增强文档的显示和输出效果。不同的文字颜色可以让能够进行彩色输出的文本更加醒目突出。其方法有

以下几种：

（1）利用"字体"选项组中的按钮。

选定需要改变颜色的文字，单击"字体"选项组中的"字体颜色"按钮 A· 即可改变字体的颜色。如果颜色不合适，可单击 A· 右侧的下三角按钮，出现如图 3-21 所示的"标准配色盘"，可在此色盘中选择需要的颜色。如果标准配色盘中的颜色不满意，可选择"其他颜色"选项，在弹出的"颜色"对话框中选择其他颜色，如图 3-22 所示。

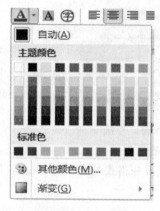

图 3-21　标准配色盘

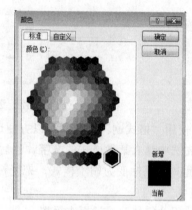

图 3-22　其他颜色

（2）利用"字体"对话框。

选择"字体"右下角的"对话框启动器"按钮，打开如图 3-20"字体"对话框，在此对话框中可以设置，或者右击，在弹出的快捷菜单中选择"字体"命令。

3. 字符的缩放比例

字符的缩放是指根据需要，把文本在宽度上加以放大或缩小，如图 3-23 所示。设置字符缩放比例的步骤如下：

（1）选定需要缩放的文本

（2）单击"段落"选项组的"字符缩放"按钮 ，选定的文字就放大一倍，即由原来的 100% 放大到 200%，再单击一下就可以还原。

（3）如需要缩放到其他比例，可以在"字符缩放"按钮 的下拉菜单进行比例的选择，如 150%，80% 等。

图 3-23　字符缩放

3.3.2　段落格式的编排

1. 设置段落对齐

所谓段落对齐，就是利用 Word 2010 的编辑排版功能调整文档中段落相对于页面的位置。常用的段落对齐方式有左对齐、居中对齐、两端对齐、右对齐和分散对齐。其设置方法有如下两种：

（1）在"段落"对话框中调整对齐方式，如图 3-24 所示

（2）利用"段落"选项组中对应的按钮设置，如图 3-25 所示。

图 3-24 "段落"对话框　　　　　　　　　　　图 3-25 段落对齐

2. 设置段落缩进

　　页边距决定页面中所有的文本到页面边缘的距离，而段落的缩进和对齐方式决定段落如何适应页边距。此外，还可以改变行间距、段前和段后间距的大小，以求达到美观的效果。

　　（1）精确设置缩进。精确设置缩进主要是运用"段落"对话框来实现的。

　　① 选择"段落"右下角的"对话框启动器"按钮命令，弹出"段落"对话框。

　　② 选择"缩进和间距"选项卡。在"缩进"栏中，可精确调整左缩进和右缩进，默认单位为"字符"，也可以为其他单位，比如"磅"，如图 3-26 所示。

　　（2）利用"段落"工具栏上对应的按钮设置，如图 3-27 所示。但此种方式每次只能左缩进或右缩进一个字符。

图 3-26 "段落"对话框

图 3-27 "段落"选项卡

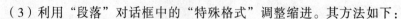

（3）利用"段落"对话框中的"特殊格式"调整缩进。其方法如下：

① 选定需要调整缩进的段落。

② 打开"段落"对话框，如图 3-28 所示。

③ 在"特殊格式"中选择"无""首行缩进"或者"悬挂缩进"。

④ 单击"确定"按钮完成设置。

3. 设置文档间距

（1）设置行间距。行间距（简称行距）决定段落中各行文本间的垂直距离。默认值为"单倍行距"。调整行距的方法如下：

① 选定要调整行距的段落。

② 打开"段落"对话框，做出对应设置，如图 3-29 所示。

图 3-28 "段落"对话框

图 3-29 设置段落对话框

（2）设置段间距。段间距决定段落前后空白距离的大小。当按下【Enter】键重新开始一个段落时，光标会跨过一定的距离到下一段的位置，这个距离就是所谓的段间距。设置段间距的方法如下：

① 选定要更改间距的段落。

② 选择"段落"对话框中的"间距"命令，设置满意的段间距，如图 3-29 所示。

3.3.3 页面设置

设置页面既可以在输入文本之前进行，也可以在文档输入过程中或文档输入完成后进行。

1. 设置页边距

设置页边距的方法：单击"页面布局"选项卡下的"页面设置"选项组右下角的 按钮，在弹出的"页面设置"对话框中选择"页边距"选项卡，如图 3-30 所示。然后对页边距、纸张方向、页码范围等进行设置，单击"确定"按钮即可。

2. 设置纸张

在文档中，用户可以自由设置纸张的大小。设置纸张的方法：单击"页面布局"选项卡下的"页面设置"选项组右下角的 🖺 按钮，在弹出的"页面设置"对话框中选择"纸张"选项卡，然后在"纸张大小"下拉列表框中选择一种纸型，单击"确定"按钮即可，如图 3-31 所示。

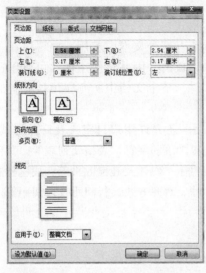 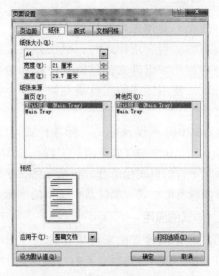

图 3-30　页面设置—页边距　　　　图 3-31　页面设置—纸张

3．设置文档网格

有些文档要求每页包含固定的行数和固定的字数，例如，制作稿纸信函，还有一些文档要求纵向排版等。设置文档网格的方法：单击"页面布局"选项卡下的"页面设置"选项组右下角的 🖺 按钮，在弹出的"页面设置"对话框中选择"文档网格"选项卡，如图 3-32 所示。然后在"文字排列""网格""字符数""行数"栏中进行相应的设置，单击"确定"按钮即可。

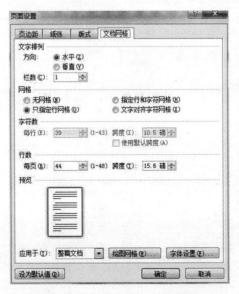

图 3-32　页面设置—文档网格

3.4　样式和模板

3.4.1　样式

　　样式是一套预先设置好的文本格式。文本格式包括字号、字体、缩进等。并且样式都有其名称。当应用样式时，可以在一段文本或者部分文本中应用，也可以在一个简单的任务中应用一组样式，且所有格式都是一次完成的。因此，使用样式可以迅速改变文档的外观。使用样式的优点是在修改某个样式时，整个文档中所有应用该样式的段落也会随之改变。

　　Word 2010 不仅预定义了标准样式可供使用，还允许用户自定义及修改样式。

　　Word 2010 中的样式类型：字符、段落、链接段落和字符、表格及列表等。其中字符样式保存了字符的格式化信息，包括字体、字号、粗体、斜体及其他效果等；段落样式则保存了字符和段落的格式，如段落中文本的字体和字号、对齐方式、行间距及段间距等。

1. 样式的应用

　　可以采用两种方法来应用样式：

　　（1）在"开始"选项卡下的"样式"选项组中选择已有的样式。

　　（2）单击"开始"选项卡下的"样式"选项组右下角的对话框启动器按钮 ，在弹出的"样式"对话框中选择所需的样式。

2. 样式的新建

　　用户可以根据自己的需要自定义所需样式，在已经打开的 Word 2010 文档里，单击"样式"选项组右下角的 对话框启动器按钮，弹出如图 3-33 所示的"样式"对话框。在对话框的左下角单击"新建样式"按钮 ，弹出如图 3-34 所示的"根据格式设置创建新样式"对话框，在对话框中根据自己的需要设置相应的格式即可。

图 3-33　"样式"对话框

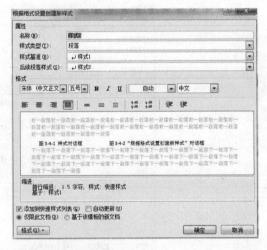
图 3-34 "根据格式设置创建新样式"对话框

3. 修改、删除样式

　　在"样式"对话框的"样式"任务窗格中选中需要修改或删除的样式名称，再单击其右侧的下拉按钮，在弹出的下拉列表中根据需要选择相应的修改或者删除命令。

3.4.2　模板的使用

　　模板与样式很相似，目的都是协助用户创建某种特定格式的文档。但样式是针对段落格式设置的，而模板是针对整篇文档的格式设置的。模板比样式具有更丰富的内容，包括页面设置、样式定义、自动图文集、宏命令、快捷键指定方案、文本内容等。

　　Word 2010 提供了内容涵盖广泛的模板，有博客文章、书法字帖及信函、传真、简历报告等，利用其模板可以快速地创建专业而且美观的文档。此外，Office.com 网站还提供了贺卡、名片、信封、发票等特定功能模板，如图 3-35 所示，当然也可用户自定义模板。Word 2010模板文件的扩展名为.dotx。

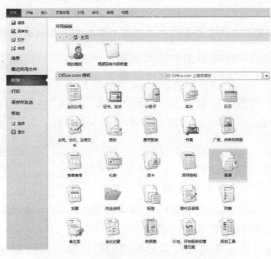

图 3-35　来自 Office.com 上的模板

3.5　表　　格

3.5.1　表格的创建和套用

1. 表格的创建

　　单击"插入"选项卡下"表格"选项组中的下拉按钮，弹出的下拉列表如图 3-36 所示。建立表格的方法有以下三种。

　　（1）拖动法。

　　① 将光标定位到需要添加表格处。

　　② 单击"插入"选项卡的"表格"选项组下拉按钮，在弹出的下拉列表中，按住鼠标左键拖动，直至自己想要的行列数目为止（在拖动鼠标的同时左上角会显示行和列的数目），这时可在文档中预览到表格，单击并释放鼠标即可在光标处按选中的行列数增加一个空白表格，如图 3-37 所示为拖动出的 6 列 4 行的表格，但是这种拖动方法添加的表格最大为 8 行 10 列的表格。

图 3-36　"插入表格"下拉列表

图 3-37　拖动插入表格

（2）对话框法。在图 3-36 所示的"插入表格"下拉列表中，选择"插入表格"命令，在弹出的"插入表格"对话框中按需要输入"列数"和"行数"的数值及"'自动调整'操作"栏中相关的参数，单击"确定"按钮即可插入一个空白表格，如图 3-38 所示。

（3）绘制法。在图 3-36 所示的"插入表格"下拉列表中，选择"绘制表格"命令，可以通过手动绘制方法来插入空白表。

图 3-38　"插入表格"对话框

① 选择"绘制表格"命令，鼠标指针会变成铅笔形，这时可以拖动鼠标在文档中绘制任意复杂的表格。

② 绘制表格边框内的各行各列：在需要画线的位置按下鼠标左键，此时鼠标指针变为铅笔形，水平、竖直移动鼠标，移动过程中可以自动识别出要画的方向，释放左键则自动绘出相应的行和列。如果要画斜线，则要从表格的左上角开始向右下方移动，待程序识别出方向后，释放左键即可。

③ 如果绘制过程中绘了不必要的线条，可以单击"设计"选项卡下"绘图边框"选项组中的"擦除"按钮 。此时鼠标指针变成橡皮形状，将鼠标指针移到要擦除的线条上按下鼠标左键，系统会自动识别出要擦除的线条，释放鼠标左键，则会自动删除该线条。

2. 表格的套用

在插入或绘制表格后系统会自动展开"表格工具"功能区，包含"设计"和"布局"两个选项卡，图 3-39 所示为"表格工具-设计"选项卡，有"表格样式选项""表格样式""绘图边框"三个选项组，其中"表格样式"选项组有 141 个内置表格样式，使用者可选取任意一种表格样式进行套用。

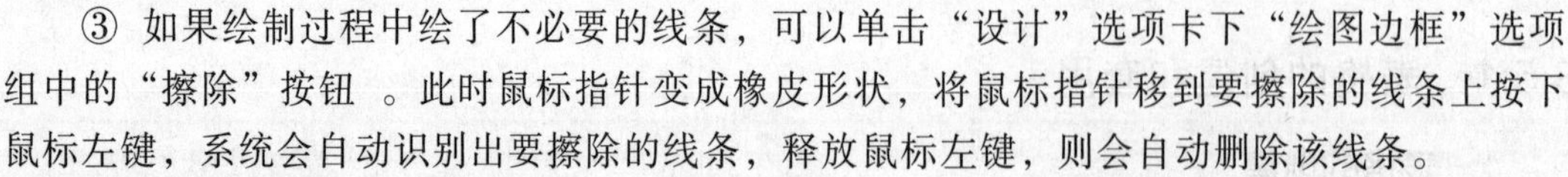

图 3-39　"表格工具-设计"选项卡

图 3-40 所示为"表格工具-布局"选项卡，有"表""行和列""合并""单元格大小""对

齐方式""数据"六个选项组，主要提供了表格布局各方面的功能。例如，在"合并"选项组中可以对表格进行拆分和合并；在"行和列"选项组中则可以方便地在表的任意行和列的位置增加或删行和列，"对齐方式"选项组可以对单元格内的文本设置对齐方式，其中"文字方向"可以设置表格内的文字为横排或竖排方向；"数据"选项组可以对表格内部的文本和数据进行排序、表格与文本之间的相互转换及插入部分公式进行简单的计算等。

图 3-40 "表格工具–布局"选项卡

3.5.2 表格的调整和编辑

在建立表格之后，可以根据实际情况对表格结构做出调整，对表格的各种操作都是针对单元格、行或列进行的。对表格的编辑包括：增删单元格、行、列，修改表格属性，拆分或合并表格，拆分或合并单元格，移动、复制、删除表格的内容等。

1. 单元格的编辑

（1）选定单元格。

① 选定一个单元格。

移动鼠标到表格中欲选定的单元格的左端线上，待指针变为向右的黑色箭头时单击即可选定。

② 选定连续的多个单元格。

在表格的任一单元格内按下鼠标左键，然后拖动鼠标，则鼠标拖过的单元格的内容都将被选中。

③ 选定非连续的多个单元格。

首先选定一个单元格，然后按住【Ctrl】键，连续选定其他单元格。

（2）添加单元格。

① 在表格中选定目标单元格或在其中右击，然后选择"插入"→"插入单元格"命令，出现"插入单元格"对话框，如图 3-41 所示。

② 此图中的 4 个选项选择后的效果分别为：选择"活动单元格右移"为此行多出一个单元格，选择"活动单元格下移"和"整行插入"均是在选定的单元格上方添加一行。选择"整列插入"则是在选定的单元格所在列的左方插入完全相同的一列。

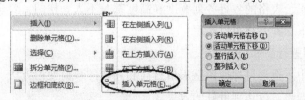

图 3-41 "插入单元格"对话框

（3）删除单元格。

① 选定该单元格，或者把光标移到该单元格内中右击，然后选择"删除单元格"命令，

弹出"删除单元格"对话框，如图 3-42 所示。

② 此图中的 4 个选项选择后的效果分别为：选择"右侧单元格左移"则该单元格删除后，右侧的单元格自动向左移动来填补，选择"下方单元格上移"则该单元格所在行被删除。选择"删除整行"或"删除整列"则该单元格所在的行或列被删除。

（4）合并和拆分单元格。

① 合并单元格。

在单元格的编辑中，合并单元格是最常见的操作。所谓合并单元格是指把两个或两个以上的相邻的单元格合并为一个单元格。要合并单元格首先要选中欲合并的单元格，然后选择"表格工具"→"布局"→"合并单元格"命令，也可以在选中的单元格中右击，在弹出的快捷菜单中选择"合并单元格"命令。

② 拆分单元格。

有时需要将一个单元格平均分为若干个小单元格，这就是拆分单元格。要拆分单元格首先要选中欲拆分的单元格，然后选择"表格工具"→"布局"→"拆分单元格"命令，弹出如图 3-43 所示的"拆分单元格"对话框。在该对话框中，可以设定将此单元格拆分为几行几列，只需在"行数"和"列数"框中输入想要拆分的行数和列数即可。

图 3-42 "删除单元格"对话框

图 3-43 "拆分单元格"对话框

2. 表格的编辑

（1）选定表格。

用键盘或者鼠标移动光标至表格中任一单元格，右击后在弹出的快捷菜单中选择"选择"→"表格"命令，则选定整个表格，或用鼠标移动光标到表格边框内时，表格的左上角和右上角都将出现一个小方框，单击这个小方框，整个表格将被选中。

（2）改变和控制行高及列宽。

使用前面的方法创建了表格之后，表格的行高和列宽都是缺省值。有时候，我们需要对表格的行高和列宽进行调整。

如果向使表格的各行各列平均分布，可以先选中整个表格，或者在表格的任一单元格内单击，选择"布局"→"自动调整"命令，或选择"布局"中的"分布行"或"分布列"命令。但是更多的时候，表格的各行各列宽度和高度都是不太一样的。要想调整某些行和列的高度和宽度，有以下 2 种方法可以实现：

① 鼠标拖动调整行高和列宽。

在 Word 2010 中，拖动鼠标使调整表格行高和列宽的最简便的方法。此种调整方法有时需要使用者反复的调整，以达到最好的效果。

② 用快捷菜单命令"表格属性"调整。

"表格属性"对话框中的"行"和"列"选项卡可以精确对行高和列宽进行调整。

（3）对齐和环绕。

对于表格，同样要考虑在页面上的位置。其对齐方式有左对齐、右对齐和居中3种。而文字环绕方式有无和环绕2种。其设置方法为右击弹出快捷菜单选择"表格属性"，弹出如图 3-44 所示的对话框，在其中选择需要的方式，然后单击"确定"按钮。

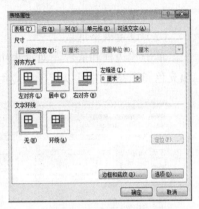

图 3-44 "表格属性"对话框

（4）复制和移动表格内容。

与文本编辑相似，表格中的内容也可以进行复制和移动操作。

① 左键拖动。

选定单元格中的文字或者图片等对象（而不是选定单元格），然后用左键选定对象并将其拖动到目标单元格，释放左键完成操作。

② 右键拖动。

选定单元格中的对象，右击对象并拖动到目标单元格，在弹出的快捷菜单中选择"移动到此位置"命令即可。如选择"复制到此位置"命令，则在目标单元格中生成源文件的副本。

③ 使用剪贴板。

选定单元格中的对象，单击"开始"选项卡"剪切板"选项组中的"剪切"按钮 或"复制"按钮，在目标单元格中单击"开始"选项卡"剪切板"选项组中的"粘贴"按钮，从而完成对象的移动或复制。此外还可以用右键快捷菜单中的对应命令及键盘快捷键来完成。

（5）拆分表格。

除了单元格可以拆分外，有时需要把一个表格分为几个较小的表格。可选择"布局"→"拆分表格"命令完成。选中表格中任意一行再应用此命令，即拆成以此行为界拆成2个表格。

（6）绘制斜线表头。

表头一般位于所选表格第一行和第一列的第一个单元格中。绘制斜线表头的操作步骤如下：

① 插入点置于表中的第一行第一列的单元格。

② 单击"表格工具-设计"选项卡的"表格样式"选项组中的"边框"按钮。

③ 弹出的"边框"下拉列表中，只有两种斜线框线可供选择，这里选择"斜下框线"命令，即可看到已给表格添加斜线。

事实上，任何单元格都可以插入斜线和添加字符。如果表头斜线有多条，在 Word 2010 中的绘制就比较复杂，必须经过绘制自选图形直线及添加文本框的过程。

3. 格式化表格

（1）设置边框。

选定要更改的单元格或表格，然后右击，在弹出的快捷菜单中选择"边框和底纹"命令出现如图 3-45 所示对话框。

在"边框"选项卡中，可以在"设置"栏中决定是否对单元格加上边框，还可以选择边框的样式，边框的线型、边框线的颜色和宽度。在预览框的左边及下边有 8 个按钮，分别代

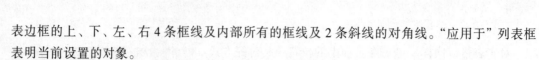

表边框的上、下、左、右 4 条框线及内部所有的框线及 2 条斜线的对角线。"应用于"列表框表明当前设置的对象。

（2）设置表格底纹。

单击"边框和底纹"对话框中的"底纹"选项卡，如图 3-46 所示，可以选择单元格的填充色和图案，并可以选择"应用于"范围。

图 3-45 "边框和底纹"对话框中的"边框"选项卡

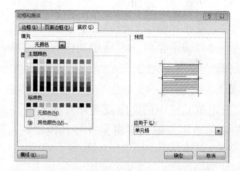

图 3-46 "边框和底纹"对话框中的"底纹"选项卡

3.5.3 表格中数据的排序与公式计算

1. 表格中数据的排序

在中文 Word 2010 中，可以对表格中的内容按多种条件及多种类型进行排序，其操作步骤如下：

（1）将光标置于表格内，或选中要排序的行或列。

（2）单击"表格工具-布局"选项卡"数据"选项组中的"排序"按钮，弹出"排序"对话框，如图 3-47 所示。

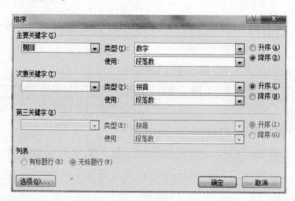

图 3-47 "排序"对话框

（3）在"主要关键字"下拉列表框中，选择用于排序的主要关键字；在"类型"下拉列表框中，选择需要排序的数据类型。选中"升序"或"降序"单选按钮可设置不同的排序方式。

【注意】

1. Word 排序规则如下：

（1）文字：Word首先排序以标点或符号开头的项目（如！、#、￥、%、&、@等）。随后是以数字开头的项目。最后是以字母开头的项目。

（2）数字：数字可以位于段落中的任何位置。

（3）日期：Word将下列字符识别为有效的日期分隔符，如连字符、斜线、逗号和句号。同时Word将冒号识别为有效的时间分隔符。

（4）特定的语言：Word将根据语言的排序规则进行排序，某些语言有不同的排序规则可以选择。

（5）以相同字符开头的多个项目，系统将比较各项目的后续字符，以决定排列次序。

2. 如果在所用的"主要关键字"中遇到相同的数据，可以指定"次要关键字"进行二次排序。再有相同数据，可以指定"第三关键字"进行第三次排序。

3. 对表格中的数据进行排序后，各行的内容不变，而位置按照排列顺序变化。

2. 表格的公式计算

在Word 2010中，可以对表格中的数值型数据进行简单的四则运算和函数计算。表格中单元格的位置引用为A1、B1、C1、A2、B2、C2等，其中字母代表单元格的列，数字代表单元格的行。如果要表示一个连续的单元格区域，中间用冒号"："隔开；如果是一个不连续的区域，中间用逗号隔开。如"B2:D2"表示从B2到D2矩形区域内的所有单元格；"A1:C3,E2:G4"表示A1到C3、E2到G4两个矩形区域内的所有单元格。

一般的计算公式可使用引用单元格的形式，如"=(A2 + C4)*6"即表示A列的第二行加C列的第四行然后乘以6。利用函数可使公式更为简单，如公式"=SUM(C2:D6)"即表示求出从C列第2行到D列第6行之间的数值总和。

下面举例说明操作过程：利用公式计算如图3-48所示的成绩表中的每门课程的平均成绩和每个人的总分。

姓名　　　课程	大学英语	高等数学	计算机基础	总分
张三	89	86	83	
李四	83	90	87	
王五	67	65	70	
陈六	90	50	75	
平均成绩				

图 3-48　成 绩 表

（1）将光标移到"总分"下的第一个单元格中。

（2）单击"表格工具-布局"选项卡下"数据"选项组的 公式按钮，弹出如图3-49所示的"公式"对话框。

（3）在"公式"文本框中的等号后输入"SUM(LEFT)"，或"SUM(B2:D2)"，也可以输入自定义公式"B2+C2+D2"。

（4）单击"确定"按钮。图3-50所示为计算后的结果。

图 3-49　"公式"对话框

姓名＼课程	大学英语	高等数学	计算机基础	总分
张三	89	86	83	258
李四	83	90	87	260
王五	67	65	70	202
陈六	90	50	75	215
平均成绩	82.25	72.75	78.75	

图 3-50　表格计算结果

如果忘记了函数名，可以在"公式"对话框的"粘贴函数"下拉列表框中选择所需的函数。需要注意的是，函数名前面必须要有"="。

3.5.4　表格与文本的转换

表格与文本的转换包括表格转换成文本和文本转换成表格两种方式。

1. 表格转换成文本

可将表格线分割的文本转换成以段落结束符、逗号、制表符分隔的文本。

（1）选中要转换成文本的表格，或者单击表格左上角的按钮，选中表格。

（2）单击"表格工具"下的"布局"选项卡"数据"选项组中的"转换为文本"按钮，在弹出的"表格转换成文本"对话框（见图 3-51）中选择一种将原表格中转换成文字后的分隔符。

（3）单击"确定"按钮即可完成转换。

在"表格转换成文本"对话框中提供了四种文本分隔符选项。下面分别介绍其具体功能。

- 段落标记：把每个单元格的内容转换成一个文本段落。
- 制表符：把每个单元格的内容转换后用制表符分隔，每行单元格的内容形成一个文本段落。
- 逗号：把每个单元格的内容转换后用逗号分隔，每行单元格的内容形成一个文本段落。
- 其他字符：在对应的文本框中输入用做分隔符的半角字符，每个单元格的内容转换后用输入的字符分隔符隔开，每行单元格的内容形成一个文本段落。

2. 文本转换成表格

在将文本转换为表格之前，要求被转换的文本中的每一行之间要用段落标记隔开，每一列之间要用分隔符隔开，列之间的分隔符可以是制表符、逗号、空格和其他字符等。

（1）选中要转换为表格的文本。

（2）单击"插入"选项卡"表格"选项组中的"表格"按钮，在弹出的下拉列表中选择"将文字转换成表格"选项，弹出如图 3-52 所示的对话框。

图 3-51　"表格转换成文本"对话框

图 3-52　"将文字转换成表格"对话框

（3）在对话框中设置"表格尺寸""'自动调整'操作"及"文字分隔位置"等，单击"确定"按钮。

3.6 图 文 混 排

Word 2010 不仅具有强大的文字处理功能，同时还具有强大的图形处理功能。可以绘制各种图形，插入各种格式的图片、艺术字，文本框等，使文章变得图文并茂，版面更加活泼美观，整体更具吸引力和感染力。

3.6.1 进入绘图方式

在 Word 2010 中，可以手工绘制出直线、正方形、圆、椭圆、箭头、旗帜、星型等多种形状的图形，可利用"形状"下拉列表框中的绘图工具来实现。

在文档中绘制图形的方法如下：

（1）单击"插入"选项卡"插图"选项组中的"形状"按钮，在下拉列表框中选择直线、椭圆、箭头、矩形等绘制工具中的一种后，出现"绘图工具"选项卡，如图 3-53 所示。

（2）在需要绘图的区域中拖放，即可产生出对应的图形。

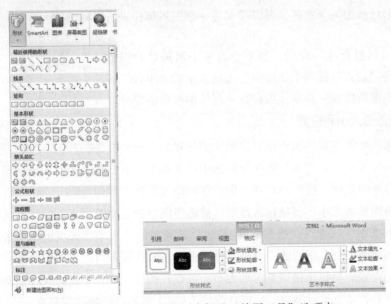

图 3-53 "形状"下拉列表框及"绘图工具"选项卡

3.6.2 制作及编辑图形

1. 简单图形绘制

单击"插入"选项卡"插图"选项组中的"形状"下拉按钮，在弹出的如图 3-53 所示的下拉列表中选择需要的自选图形。这时鼠标指针变成"＋"形状，在绘图画布区域内或者其他需要放置自选图形的区域中移动鼠标指针到要绘制图形的起始位置，然后按住鼠标左键同时拖动鼠标画出相应图形到所需要的大小，再释放鼠标左键即可绘制出指定图形。如果在拖动鼠标绘制图形的同时按住【Shift】键，则可保持图形的高度和宽度成比例地缩放。

2. 图形编辑

对图形的编辑操作可以使图形更加美观。编辑图形主要包括：对图形的位置做出调整，改变图形的大小、形状，给图形添加颜色、文字，设置三维效果等。

（1）图形的选中。

选中一个图形，只需单击该图形，图形被选中后边框四周会出现八个空心控制点，表明该图形被选中；选中多个图形时，可以先按住【Ctrl】或者【Shift】键，然后依次单击可。

（2）图形组合

组合图形是指把多个图形对象经过组合后，同时把它们当成一个整体使用，可以让它们一起移动位置、改变大小、一起填充颜色、一起翻转等。按住【Shift】键的同时依次单击需要组合的图形，这时每个图形的四周都会出现八个控制点，在选中后的图形上右击，在弹出的快捷菜单中选择"组合"命令；或选中需要组合的图形后，单击"格式"选项卡"排列"选项组中的"组合"按钮，在弹出的下拉列表中选择"组合"命令，对多个图形进行组合，如图 3-54 所示。选中组合后这组图形只在组合四周出现八个控制点，表明这一组图形已成为一个整体，可以像对待一个图形那样进行操作。

图 3-54 "图形组合"

把多个图形组合在一起后，如果要对某个图形单独做修改，可以单击"格式"选项卡"排列"选项组中的"组合"按钮，再选择"取消组合"选项让组合在一起的图形取消组合。

3. 调整图形大小和位置

调整自选图形的位置、大小和调整图片的位置、大小的方法一样。

（1）移动图形位置：将鼠标指针指向选中的图形上，当指针变为双向十字形状时按住鼠标左键并同时拖动鼠标，将图形移到目标位置后释放鼠标左键即可。

（2）调整图形的大小：将鼠标指针指向被选中图形的某个控制点上，用鼠标拖动控制点可以调整图形大小；或者在"绘图工具-格式"选项卡的"大小"选项组中单击对话框启动器按钮，弹出如图 3-55 所示的"布局"对话框，在对话框中可以对图形的环绕方式、大小等进行精确的设置。要按比例调整图形大小，可以在按住【Shift】键的同时拖动控制点；如果要以图形中心为基点进行缩放，可以在按住【Ctrl】键的同时拖动控制点。

4. 设置图形的填充效果和线条颜色

为了使绘制的图形更加美观，我们可以通过改变图形的线型、填充颜色和加上阴影、三维效果等操作来为图形增加一些特殊效果。

改变图形的线型和填充颜色可按以下步骤操作：

（1）选中图形。

（2）单击"绘图工具-格式"选项卡中"大小"选项组中的对话框启动器按钮，弹出图 3-56 所示的"设置形状格式"对话框。

（3）在"颜色与线条"选项卡中选择"填充"选项，在下拉列表框中选择一种需要的颜色，如果没有所需颜色，可以单击"填充效果"按钮，打开"填充效果"对话框进行选择，例如可以选择渐变、纹理、图案等内容来填充图形。

图 3-55 "布局"对话框

图 3-56 "设置形状格式"对话框

5. 给图形添加阴影效果和三维效果

选中图形，单击"格式"选项卡"阴影效果"选项组中的"阴影效果"按钮，弹出下拉列表，选择一种需要的阴影样式，如图 3-57 所示。

选中图形，单击"格式"选项卡中的"三维效果"按钮，弹出下拉列表，选择一种需要的样式，如图 3-58 所示。

图 3-57 设置阴影

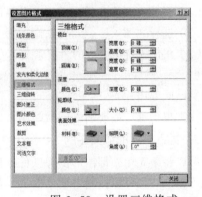
图 3-58 设置三维格式

6. 在图形内增加文字

在自选图形中可以添加文字，并且可以设置文字的格式。其方法如下：

（1）右击文档中的自选图形，然后在弹出的快捷菜单中选择"添加文字"命令，如图 3-59 所示。

（2）在插入点输入需要添加的文字。

（3）采用和普通文本一样的方法设置文字的格式。

7. 图形的旋转

利用"绘图工具-格式"选项卡中的"旋转"命令，可以对图形进行旋转或翻转，如图 3-60 所示。旋转时，可以按 90° 的增量，顺时针旋转图形，也可以用鼠标作任意旋转。

图 3-59　"添加文字"选项　　　　　　图 3-60　图形的旋转

3.6.3　插入及编辑图片

以上所绘制的各种形状称为"图形"，而将使用软件编辑处理过的成品图像称为"图片"或"图像"。

1. 使用"插入剪贴画"命令插入剪贴画

在 Word 2010 的"剪辑库"中有大量的图片供选择使用。插入剪贴画的方法如下：

（1）将插入点放在需要插入剪贴画的位置。

（2）选择"插入"→"剪贴画"命令，出现"插入剪贴画"任务窗格。

（3）在任务窗格上边的"搜索文字"文本框中输入图片的关键字，例如："计算机""人""植物"等，然后单击"搜索"按钮。此时，在下方下拉列表框中将显示出主题中包含该关键字的剪贴画或图片。

（4）单击选定需要插入的剪贴画，即可将剪贴画插入文档中。

2. 插入外部图像文件

可以将事先用外部图形图像软件处理好的图像文件插入到文档中，这些图像文件可以在本地磁盘上，也可以在网络驱动器上，甚至在 Internet 上。其获取方法如下：

（1）将插入点移到需要插入图片的位置。

（2）选择"插入"→"图片"命令，弹出"插入图片"对话框。

（3）在"查找范围"下拉列表框中搜索到图片的位置，选定该图片后就可以预览到该图片。

（4）单击"插入"按钮（或双击要插入的图像文件名），选取的图片便插入到该位置了。

3. 编辑图片

插入到 Word 中的图片，可以进行移动、复制、色调、亮度、对比度和大小等方面的处理，还可以进行剪裁操作。

（1）图片的移动和复制。

移动或复制图片的方法和移动或复制文本的方法完成相同，既可以使用"剪切"或"复制"→"粘贴"命令实现，也可以使用"开始"工具栏中的按钮实现，还可以使用鼠标拖放来完成，最后还可以使用【Ctrl+X】或【Ctrl+C】和【Ctrl+V】快捷键来实现。

（2）图片缩放。

插入的图片其大小一般不能和文档匹配。因此，大部分情况下，都要缩放图片的大小。缩放图片主要有 2 种方法：

① 用鼠标直接拖放。此种方法首先选定图片，图片的四周会出现 8 个小黑点，称为控制点。如果要横向或纵向缩放图片，将鼠标移到图片四边的任何一个控制点上进行拖动。如果要沿对角线方向缩放图片，可将鼠标指针移到图片四角的任何一个控制点上进行拖动。

② 使用"图片格式"对话框精确调整。此种方法首先选定图片然后单击"图片工具"栏上的"格式"选项卡，选择"大小"选项组，对图片的参数可做适当的设置。

（3）图片工具栏及其使用。

选定一张图片后会自动出现一个"图片工具"标签，如图 3-61 所示。利用此"格式"选项卡可以设置图片的多项属性，包括图片的颜色、对比度、亮度、剪裁等等。

这里要重点强调的是图片的环绕方式。设置图片的文字环绕方式如下：

① 选定要设置环绕方式的图片。

② 右击选择"自动换行"或单击"图片工具-格式"选项卡中的"自动换行"按钮 ，出现环绕方式的菜单，如图 3-62 所示。在环绕方式菜单中单击需要的文字环绕方式，Word 2010 便可按照用户的文字环绕方式重新排列图片周围的文字。

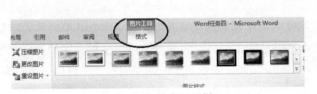

图 3-61　图片工具栏　　　　　　　　图 3-62　图片环绕方式设置

3.6.4　文本框的插入和编辑

文本框是将文字、表格、图形精确定位的有效工具。任何文档中的内容，不论是一段文字、一张表格、一幅图片等，只要被装进了文本框，就如同装进了一个容器。它是一个独立的对象，可以放置在文档中的任何位置，并可以随意调整文本框的大小。

1. 插入文本框

插入文本框的方法如下：

（1）选择"插入"→"文本框"命令，然后在子菜单中选择你所需要的文本框类型，绘制出文本框如图 3-63 所示。

（2）单击文本框内部空白处，将插入点放置在文本框中，然后输入文本。输入文本之后可按照前面所讲的文字格式化方式来进行设置。

（3）在"文本框工具-格式"选项卡中可设置文本框外观样式。

2. 设置文本框格式

和图片一样，文本框具有图形的属性，所以对文本框的格式设置类似于对图形的格式设置。选中文本框后可以通过不同的方法打开"设置文本框格式"对话框，在该对话框中有"颜色与线条""大小""版式""文本框"等几个选项卡，在相关的选项卡内可对文本框进行尺寸大小、填充颜色、线条、环绕方式等设置。

（1）选中文本框：将鼠标指针指向文本框的边框线上，当指针变为四方向箭头形状时单击文本框的边框线即可选中整个文本框。

（2）"设置文本框格式"对话框，如图 3-64 所示。

（3）删除文本框：选中文本框，按【Delete】键删除即可。

图 3-63　插入文本框下拉菜单

图 3-64　设置文本框格式

3.6.5　艺术字的编辑和使用

在 Word 2010 文档中可以插入艺术字，产生特殊的视觉效果。Word 2010 中的艺术字是具有特定形状的图形文字，在编辑艺术字时，除了可以对其进行字体、字形、字号的颜色等设置外，也可以作为图片进行图形化处理，如缩放、更改大小、添加阴影、加边框、加底纹、三维效果和旋转角度等。

1. 插入艺术字

（1）在打开的 Word 2010 文档中，单击"插入"选项卡"文本"选项组中的"艺术字"按钮，弹出图 3-65 所示的下拉列表。

（2）在"艺术字"下拉列表中选择一种艺术字样式，单击该样式图标，出现如图 3-66 所示的"艺术字"文字编辑框，将光标定位在该编辑框中，输入要作为艺术字的文本，并在"字体"选项组中设定字体、字号等相关格式，艺术字就被插入到当前文档中光标所在的位置。

图 3-65　艺术字下拉列表

图 3-66　艺术字文字编辑框

2. 编辑艺术字

插入艺术字后，可以像编辑图形一样对插入的艺术字进行编辑，利用"艺术字"选项（见图 3-67）进行特殊编辑。具体操作如下：

图 3-67　"艺术字工具–格式"选项卡

选中要编辑的艺术字，插入的艺术字的环绕方式默认状态下为"浮于文字上方"，通过艺术字四周的八个控制点可以调整艺术字的大小。单击图 3-67 所示的"艺术字样式"选项组中的 按钮，在弹出的对话框可以对艺术字添加轮廓样式、阴影、三维等更多细致而复杂的编辑工作。选中的艺术字可以拖动到任意位置和方向，拖动绿色的圆形旋转控制点可对艺术字进行任意角度的旋转。对艺术字的编辑工作可以按照前面所讲的设置文本框和形状及图片的操作进行设置。

3.7　Word 2010 的高级编辑应用

Word 2010 提供的样式、模板、特殊格式的设置等高级编辑应用，通过学习可以掌握怎样对一篇长文档进行编辑排版，如何统一文档格式，如何利用特殊格式的设置来修饰文档等。

3.7.1　特殊格式的设置

1. 首字下沉

首字下沉是指将文章中第一段的第一个字放大并占据文本多行的位置，周围的字围绕在它的右下方。具体操作步骤如下：

（1）选中该段落的任意字符，或将光标定位到要设置首字下沉的段落中。

（2）单击"插入"选项卡"文本"选项组中的"首字下沉"下拉按钮，打开"首字下沉"下拉列表，如图 3-68 所示。在下拉列表中选择"下沉"或者"悬挂"选项，即可设置默认格式的首字下沉和首字悬挂。

（3）在下拉列表中选择"首字下沉选项"命令，弹出如图 3-69 所示的对话框，在对话框中的"位置"栏中可以选择首字下沉的格式。

（4）在"字体"下拉列表框中选择字体。

（5）在"下沉行数"下拉框中选择首字的放大值，即指首字所占的行数。

（6）在"距正文"下拉框中选择首字与段落中其他文字之间的距离。

（7）单击"确定"按钮，就可以完成首字下沉的设置。

2. 分页与分栏

分栏与分页也是一种常用的排版操作。选择"页面布局"→"分栏"命令，可以使文档产生类似于报纸的分栏效果。而由于通常情况下，当文字和图形充满一页时，Word 会自动分页，当有特殊需要时，也可以进行手工强制分页。

1）分页

当一页的内容写满之后，Word 会自动分页。而手工强制分页的方法也很简单，只需要将插入点移到要分页的位置，选择"页面布局"→"分隔符"命令，弹出"分隔符"对话框，选择"分隔符类型"中的"分页符"单选框，单击"确定"按钮，即可在当前插入点处强制分页，并将插入点移到新的一页上。

图 3-68 "首字下沉"下拉列表

图 3-69 "首字下沉"对话框

2）分栏

在分了栏的文档中，文字都是逐栏排列的，填满一栏后才转到下一栏，并且可以对每一栏单独进行格式化处理及版面的设置，分栏操作的放法如下：

（1）先选定要分栏的文本，然后选择"页面布局"→"分栏"→"更多分栏"命令，此时屏幕会出现如图 3-70 所示的分栏对话框。

（2）在该对话框中可以根据需要选择栏数，如果要分的栏数超过 3 栏，可以在"栏数"框内指定 11 栏以内的任意栏数。

（3）选中"栏宽相等"复选框，可以使每栏的宽度相同，如要使每栏的宽度不相同，则应取消选择"栏宽相等"复选框，然后在"宽度和间距"框内分别设置每一栏的宽度及栏与栏之间的间距。选中"分隔线"复选框，可使每栏之间用分隔线隔开。

（4）设置好后单击"确定"按钮完成设置。

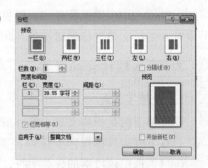

图 3-70 "分栏"对话框

3. 页眉和页脚

页眉和页脚通常显示文档的附加信息，常用来插入时间、日期、页码、单位名称、微标等。其中，页眉在页面的顶部，页脚在页面的底部。插入页眉和页脚的方法如下：

（1）单击"插入"→"页眉"→"编辑页眉"命令，在页面的顶端设置页眉。

（2）单击"插入"→"页脚"→"编辑页脚"命令，在页面底端设置页脚。

（3）选择"插入"→"页码"命令，在设置页码格式中，有多种表达方式，如数字、字母等。

4. 项目符号和编号

为了让读者在自己所写的文档中快速查找到重要的信息、突出显示某些要点、让文档易于浏览和理解、组织好文档中的内容，可以使用编号和项目标号。

1）设置编号

对于那些按照一定的次序排列的项目，比如操作的步骤等，可以创建编号列表。创建的方法主要有以下几种：

（1）自动键入。

Word 可以在用户键入文本的同时创建编号和项目符号列表，也可以在文本的原有行中添加项目符号和编号。步骤如下：

① 键入"1."，开是一个编号列表，然后按空格或者【Tab】键。

② 键入所需要的文本。

③ 按【Enter】键添加下一个列表项。Word 自动把下一段的开头定义为"2."。

④ 若要结束列表，可按两次【Enter】键，或通过按【Backspace】键删除列表中最后一个编号或项目符号。

（2）利用"开始"菜单设置编号。

利用"开始"菜单设置编号的方法如下：

① 选定需要设置编号列表的对象。

② 选择"段落"→"编号"命令，如图 3-71 所示。

③ 在"编号库"中选定需要的样式后，单击"确定"按钮。

（3）自定义编号。

如果在"编号库"中没有自己满意的编号，可以进行自定义设置。单击"定义新编号格式"命令，出现如图 3-72 所示的"定义新编号格式"对话框，在该对话框中可以进行的设置：编号格式的设置与字体设置、编号样式的设置、起始编号的设置、编号位置与文字位置的设置等选项，可以按需进行适当的设置。

图 3-71 编号下拉列表   图 3-72 "定义新编号格式"对话框

2）设置项目符号

设置和更改项目符号列表的操作与设置编号列表的方式基本相同。选择"开始"→"段落"→"项目符号"命令，如图 3-73 所示，在"项目符号库"中选择所需的项目符号。

3）设置多级符号

Word 提供了多种预定的多级符号列表格式，并且能够识别不同的缩进方式，其操作方法如下：

（1）选择"开始"→"多级列表"命令，如图 3-74 所示。

（2）单击其中一种样式，然后单击"确定"按钮。对已有的多级符号列表不满意可选择"定义新的多级列表"命令进行更具体的设置。

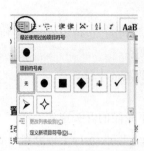

图 3-73 "项目符号"下拉列表

图 3-74 "多级符号"下拉列表

3.7.2 图示、图表及公式的编辑

1. 图示的使用

图示包括组织结构图、循环图、矩阵图、棱锥图、关系图等。插入图示的方法如下：

（1）将插入点放置在要插入图示的位置。

（2）选择"插入"→SmartArt 命令，弹出的"选择 SmartArt 图形"对话框如图 3-75 所示。

（3）在对话框中选择合适的类型，单击"确定"按钮。

（4）按照提示，在"在此处键入文字"输入域中输入信息。

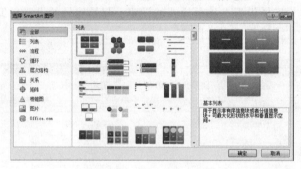

图 3-75　SmartArt 图形

2. 图表的使用

图表的插入方法如下：

（1）将光标移动到文档中需要插入图表的位置。

（2）选择"插入"→"图表"命令，选择所需的图表类型，如图 3-76 所示。

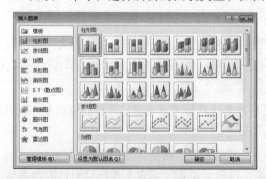

图 3-76　"插入图表"对话框

（3）当出现系统提供的图表数据，在数据表中编辑修改图表数据。

（4）单击图表框外的任意页面位置结束。

3. 公式编辑器的使用

在 Word 2010 中系统提供了一个专门用于编辑公式的程序，这就是公式编辑器。Word 可以直接调用它，使用该程序编辑公式可以大大提高编辑效率。公式编辑器的使用方法如下：

（1）单击"插入"→"公式"命令，如图 3-77 所示。

（2）选择"插入新公式"命令，弹出出现"公式工具-设计"选项卡，如图 3-78 所示。利用此选项卡进行常用的各种公式的编辑。

图 3-77　插入公式

图 3-78　"公式工具-设计"选项

3.8　文件的打印

一个 Word 文件编辑好后，可用打印机打印出来，首先要进行相关设置，然后再进行打印预览。如果预览效果不满意，再进行页面设置，直到满意后，再进行实际打印操作。

1. 打印设置

单击"文件"→"打印"命令，如图 3-79 所示。可进行打印相关选项的设置。包括以下项目的设置：

（1）打印范围的设置。

（2）单面或正反打印设置。

（3）纸张大小及纸张方向的设置。

（4）页边距的设置。

（5）每版打印页数的设置。

还可单击图 3-79 所示右下角的"页面设置"，则出现如图 3-30 所示的"页面设置"对话框，可按前文所讲的进行设置。

2. 打印预览

在图 3-80 所示的右半部分，为当前文件当前页的打印预览情况。打印预览所呈现的效果即打印出来后的效果，对打印预览不满意可在"打印设置"或"页面设置"中进行调整。可通过正下方的""按钮查看所有页面的

图 3-79　文件的打印设置

打印预览效果。

图 3-80　打印预览

3.　打印

设置好打印选项及观察打印预览之后可单击图 3-80 左上方的"打印"按钮进行打印。打印时可设置打印份数。

第④章

→ 电子表格处理软件 Excel 2010

 学习目标

- 了解 Excel 2010 的基本操作。
- 掌握工作表格式化应用。
- 掌握数据管理。
- 掌握图表的应用。
- 掌握表格打印。

Microsoft Excel 2010 是 Microsoft 公司在 2010 年 6 月正式发布，其功能包含执行计算、分析信息及可视化电子表格中的数据。Excel 2010 的应用领域包括会计、预算、账单和销售、报表、计划、跟踪、使用日历等数据计算与分析等领域。本章主要讲解如何使用 Microsoft Excel 2010 制作表格，通过 Excel 制作 Excel 图表、分析数据等案例，详细讲解电子表格的制作、函数公式的应用、数据管理、表格打印等技巧。

4.1　Excel 2010 概述

Microsoft Excel 2010 具有强大的运算与分析能力。从 Excel 2007 版本开始，Excel 使用功能区操作让界面变得更直观与快捷，同时也提供了更多的分析方法、数据管理和信息共享等功能实现了基于 Web 的移动办公。除此之外，Excel 2010 在处理大数据工作表时，变得更加灵活和高效。

4.1.1　Excel 2010 的启动和退出

1. Excel 2010 的启动

Microsoft Excel 2010 正常安装后，用户可以通过以下两种方式启动软件：

方法 1：双击桌面上的快捷图标。

方法 2：选择并单击"开始"→"程序"→"Microsoft Office"→"Microsoft Excel 2010"命令，如图 4-1 所示。

2. Excel 2010 的退出

成功打开了 Microsoft Excel 2010 之后，默认生成含有三个工作表的工作簿，若要关闭 Excel 软件的方式如下：

方法 1：单击工作界面右上方的"关闭"按钮，可以直接关闭 Microsoft Excel 2010 软件。

方法 2：选择"文件"→"退出"命令，可以关闭 Microsoft Excel 2010 软件，如图 4-2 所示。

图 4-1 Microsoft Excel 2010 的启动　　　　　图 4-2 Microsoft Excel 2010 的退出

4.1.2　Excel 2010 窗口组成

Microsoft Excel 2010 的工作界面分为五个主要部分，分别是"标题栏""标签栏""功能区""编辑栏""工作簿编辑区""状态栏"6 个部分，如图 4-3 所示。

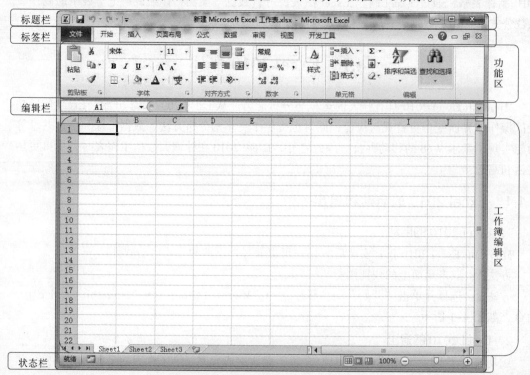

图 4-3　Microsoft Excel 2010 的界面

1. 标题栏

Microsoft Excel 2010 的"标题栏"位于界面的最顶部，"标题栏"上包含软件图标、快速访问工具栏、当前活动工作簿的文件名称和软件名称。

（1）软件图标。

单击"软件图标"会弹出一个用于控制 Microsoft Excel 2010 窗口的下拉菜单。在标题栏的其他位置右击同样会弹出这个菜单，它主要包括 Microsoft Excel 2010 窗口的"还原""移动""大小""最小化""最大化"和"关闭"6 个常用命令，如图 4-4 所示。分别单击下拉菜单的这些命令，可完成软件窗口的基本操作：

- 还原：软件全屏时单击"还原"命令，可将软件窗口还原至非全屏显示状态。
- 移动：软件未全屏时单击"移动"命令，可将软件窗口在显示屏上随意移动位置。
- 大小：软件未全屏时单击"大小"命令，可调整软件窗口的尺寸。
- 最小化：将软件窗口缩小至 Windows 任务栏上，不占用显示屏的空间。
- 最大化：将软件放大至全屏显示。
- 关闭：直接关闭 Excel 软件。

通过上述操作，可以在 Windows 界面上自如地调整 Excel 软件的显示状态，来应对全屏制表或分屏数据比对等不同的工作任务。在练习过程中合理地使用 Excel 软件的显示功能可以更高效地完成各项工作。

（2）快速访问工具栏。

"快速访问工具栏"主要集中显示用户的 Microsoft Excel 2010 的常用命令，方便用户快速编辑工作簿，包括"新建""打开""保存""电子邮件""快速打印""打印预览和打印""拼写检查""撤销""恢复""升序排序""降序排序""打开最近使用过的文件""其他命令"和"在功能区下方显示"，如图 4-5 所示。

图 4-4 窗口的控制菜单

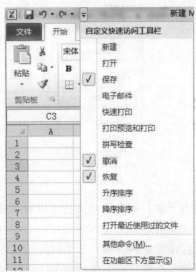

图 4-5 Microsoft Excel 2010 快速访问工具栏

- 新建：单击该按钮可以新建一个空白 Excel 文档。
- 打开：单击该按钮可以弹出"打开"文件对话框，如图 4-6 所示。在该对话框中可以选择要打开的文件夹或文件。

图 4-6 "打开"文件对话框

- **保存**：新建一个工作簿时，单击该按钮可以打开"另存为"对话框，如图 4-7 所示。在该对话框中可以选择当前工作簿保存的位置、设置当前工作簿的保存文件名、保存类型、作者名、标记，使用"工具"设置文件网络共享参数与图片压缩等。若是之前保存过的工作簿，单击此按钮可以直接保存。

图 4-7 "另存为"对话框

- **电子邮件**：单击该按钮可以将工作簿以电子邮件方式发送。
- **快速打印**：单击该按钮可以直接开始打印 Excel 文档。
- **打印预览和打印**：单击该按钮可以看到 Excel 文档的打印预览与设置。
- **拼写检查**：单击该按钮可以自动检查当前编辑工作簿的拼写与语法错误。
- **撤销**：单击该按钮可以撤销最近一步的操作。
- **恢复**：每单击一次该按钮，可以恢复最近一次的撤销操作。
- **升序排序**：单击该按钮可以将所选内容排序，将最大值列于列的末端。

- ⬛ 降序排序：单击该按钮可以将所选内容排序，将最大值列于列的顶端。
- ⬛ 打开最近使用过的文件：单击该按钮可以打开最近一段时间使用过的文件。

2. 功能区

"功能区"位于标题栏下方，默认包含"文件""开始""插入""页面布局""公式""数据""审阅""视图"8 个主选项卡，如图 4-8 所示。

图 4-8 Microsoft Excel 2010 功能区

（1）"文件"选项卡：与早期 Microsoft Excel 版本的"文件"选项卡类似，主要包括"保存""另存为""打开""关闭""信息""最近所用文件""新建""打印""保存并发送""帮助""选项""退出"12 个常用命令，如图 4-9 所示。

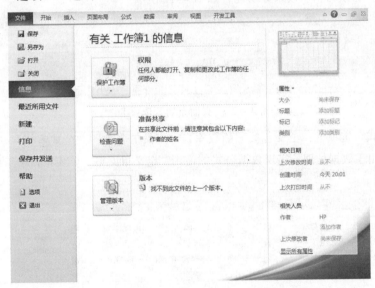

图 4-9 "文件"选项卡

（2）"开始"选项卡：主要包括"剪贴板""字体""对齐方式""数字""样式""单元格""编辑"7 个选项组，每个组中分别包含若干个相关命令，分别完成复制与粘贴、文字编辑、对齐方式、样式应用与设置、单元格设置、单元格与数据编辑等功能，如图 4-10 所示。

图 4-10 "开始"选项卡

（3）"插入"选项卡：主要包括"表格""插图""图表""迷你图""筛选器""链接""文本""符号"8个选项组，完成数据透视表、插入各种图片对象、创建不同类型的图表、插入迷你图、创建各种对象链接、交互方式筛选数据、页眉和页脚、使用特殊文本、符号的功能，如图4-11所示。

图4-11 "插入"选项卡

（4）"页面布局"选项卡：主要包括"主题""页面设置""调整为合适大小""工作表选项""排列"5个选项组，主要完成Excel表格的总体设计，设置表格主题、页面效果、打印缩放、各种对象的排列效果等功能，如图4-12所示。

图4-12 "页面布局"选项卡

（5）"公式"选项卡：主要包括"函数库""定义的名称""公式审核""计算"4个选项组，主要用于数据处理，实现数据公式的使用、定义单元格、公式审核、工作表的计算，如图4-13所示。

图4-13 "公式"选项卡

（6）"数据"选项卡：主要包括"获取外部数据""连接""排序和筛选""数据工具""分级显示""分析"5个选项组，主要完成在从外部数据获取数据来源，显示所有数据的连接、对数据排序或筛查、数据处理工具、分级显示各种汇总数据、财务和科学分析数据工具的功能，如图4-14所示。

图4-14 "数据"选项卡

（7）"审阅"选项卡：主要包括"校对""中文简繁转换""语言""批注""更改"5 个选项组，用于提供对文章的拼写检查、批注、翻译、保护工作簿等功能，如图 4-15 所示。

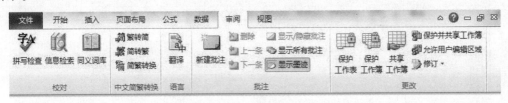

图 4-15 "审阅"选项卡

（8）"视图"选项卡：主要包括"工作簿视图""显示""显示比例""窗口""宏"5 个选项组，提供了各种 Excel 视图的浏览形式与设置，如图 4-16 所示。

图 4-16 "视图"选项卡

3. 名称框与编辑栏

位于功能区下方，主要包括显示或编辑单元格名称框、插入函数两个功能，如图 4-17 所示。在左侧的单元格名称框中输入单元格名称，即可查看当前单元格在表中的位置；在单元格中输入内容，即可在编辑栏中看到当前单元格中的实际内容，内容可以是一个数值、文本、函数等。

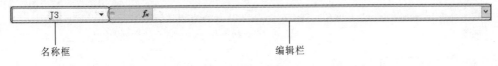

名称框   编辑栏

图 4-17 编辑栏

4. 工作簿编辑区

位于名称框与编辑栏下方，主要用于显示与编辑表格中的数据，在编辑区的上方和左侧分别显示着单元格的行号与列号，行号由字母组成，表示单元格的横向位置，列号由数字组成，表示单元格的纵向位置。在编辑区的下方从左至右分别显示着一个切换不同表格的导航工具 、当前工作簿中的 3 个表格 Sheet1、Sheet2、Sheet3 和一个插入表格按钮。

当选中某个单元格时，在名称框中显示的就是当前单元格的行号与列号，例如表格左上角第一个单元格的名称即为"A1"，如图 4-18 所示。在工作簿编辑区中可以看到各种数据的显示结果，如图 4-18 所示，在 A1、B1、C1、D1 单元格中输入数字"1"，利用编辑区单元格的数据显示功能，可以在不改变数据数值的情况下将各类不同类型的数据根据不同的显示类型进行显示，以此区分数据数值与数据显示，这使表格的计算变得更加简单与高效。

图 4-18 工作簿编辑区

5. 状态栏

位于工作簿编辑区下方，用于显示单元格和表格的当前状态，如图 4-19 所示。

每个单元格都有两种基本状态，单击工作簿中任意单元格，可在状态栏左侧第一个显示区中看到当前选中单元格的状态为"就绪"模式，即选中当前单元格的状态；双击任意单元格，则此处显示"输入"模式，表示当前单元格正处于输入内容的状态。选中若干个单元格，可在状态栏居中位置看到更多状态值，例如：平均值、计数值、求和值。在状态栏的右侧分别显示着工作簿"普通""页面布局""分页预览"三种视图模式按钮 ⊞◻⊞，工作簿的缩放级别按钮与显示比例滑块条 100% ⊖────◻────⊕，如图 4-20 所示。

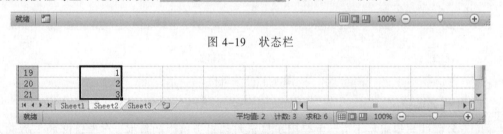

图 4-19 状态栏

图 4-20 状态栏的各项显示

4.1.3 Excel 2010 的基本概念

与 Excel 2007 相比，Excel 2010 拥有更多新增功能，了解这些功能，首先需要了解以下几个基本概念：

1. 迷你图

"迷你图"是在这一版本 Excel 中新增加的一项功能，使用迷你图功能，可以在一个单元格内显示出一组数据的变化趋势，让用户获得直观、快速的数据的可视化显示，对于股票信息等来说，这种数据表现形式将会非常适用。在 Excel 2010 中，迷你图有三种样式，分别是：折线图、直列图、盈亏图。不仅功能具有特色，其使用时的操作也很简单，先选定要绘制的数据列，挑选一个合适的图表样式，接下来再指定好迷你图的目标单元格，确定之后整个图形便成功地显示出来，如图 4-21 所示。

	A	B	C
1	11	78	25
2	34	89	-23
3	3	89	12
4	55	110	-34
5	45	34	34
6			

图 4-21　迷你图

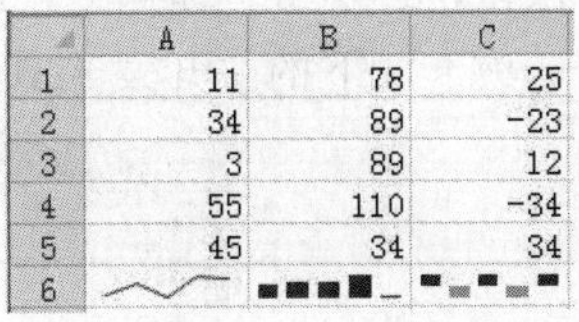

2. 条件格式

在 Excel 2010 中，增加了更多条件格式，在“数据条”标签下新增了“实心填充”功能，实心填充之后，数据条的长度表示单元格中值的大小，如图 4-22 所示。在效果上，“渐变填充”也与老版本有所不同，如图 4-23 所示。在易用性方面，Excel 2010 无疑会比老版本有着更多优势。

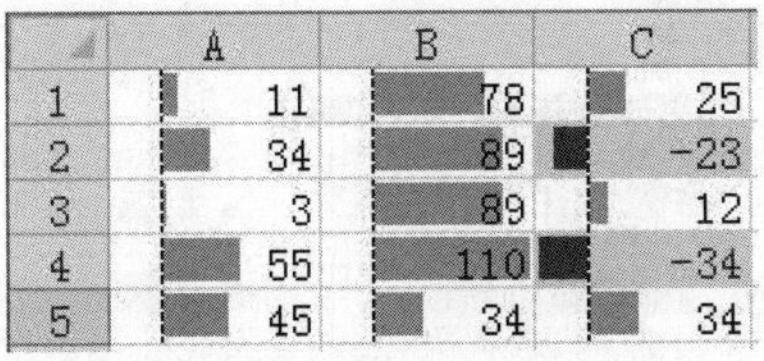

	A	B	C
1	11	78	25
2	34	89	-23
3	3	89	12
4	55	110	-34
5	45	34	34

图 4-22　“实心填充”条件格式

	A	B	C
1	11	78	25
2	34	89	-23
3	3	89	12
4	55	110	-34
5	45	34	34

图 4-23　“渐变填充”条件格式

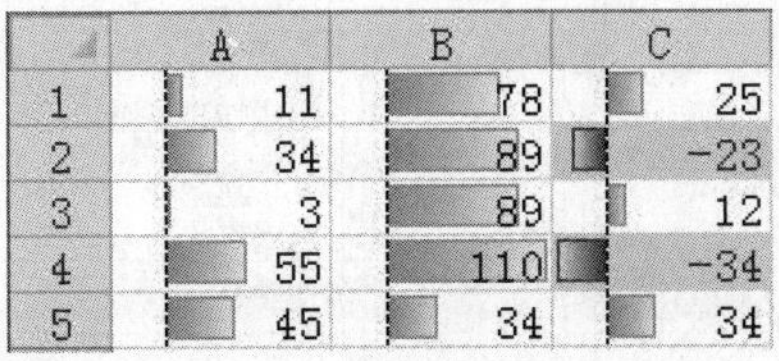

3. 公式编辑器

Excel 2010 增加了数学公式编辑，在“插入”标签中我们便能看到新增加的“公式”图标，单击后 Excel 2010 便会进入一个公式编辑页面。在这里包括二项式定理、傅立叶级数等专业的数学公式都能直接打出。同时它还提供了包括积分、矩阵、大型运算符等在内的单项数学符号，足以满足专业用户的录入需要，如图 4-24 所示。

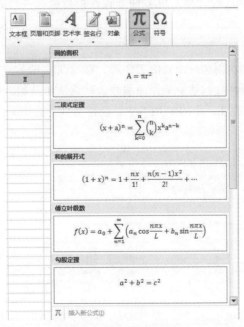

图 4-24　“公式”下拉列表

4. 开发工具

“开发工具”在 Excel 2010 中并没有改进，唯一与 Excel 2007 不同的就是按钮位置的改变，在默认情况下，功能区中不显示“开发工具”选项卡，需要用户自行设置。单击“文件”

按钮，再单击"选项"，弹出"Excel 选项"对话框，在"自定义功能区"选项中，选择"主选项卡"下的"开发工具"复选框，最后单击"确定"按钮即可，如图 4-25 所示。

图 4-25　Excel 选项中选择"开发工具"复选框

4.1.4　Excel 2010 的工作簿的基本操作

Microsoft Excel 2010 是 Microsoft 公司开发的一款电子表格处理应用软件，用户可以使用 Excel 2010 创建工作簿（电子表格集合）并设置工作簿格式，跟踪数据，生成数据分析模型，编写公式以对数据进行计算，以多种方式透视数据，并以各种具有专业外观的图表来显示数据。

1. 新建空白工作簿

启动 Excel 时就会自动创建一个新的工作簿，在默认状态下，这个工作簿文件名是按顺序来命名的，例如，Book#中的#就是工作簿编号，默认从 1 开始，退出 Excel 再开启，Excel 文件又会从 1 开始编号。在 Excel 2010 版本中，新建文件是在"文件"选项卡中选择"新建"命令，如图 4-26 所示。

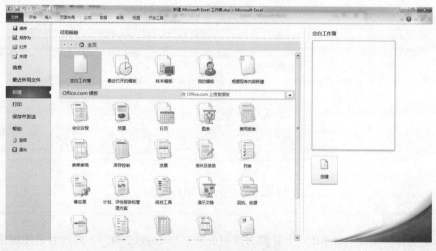

图 4-26　新建空白工作簿

2. 打开工作簿

要调用之前已经创建好的工作簿必须先打开它，可以同时开多个，标题栏上的工作簿名称可以区别正在使用的工作簿。打开文件是在"文件"选项卡中选择"打开"命令，在弹出的"打开"对话框中选择好需要打开的文件位置，单击"打开"按钮，如图4-27所示。

图 4-27　打开工作簿

3. 关闭与保存

在关闭工作簿之前要保证修改的内容已保存在工作簿中，以避免数据丢失，具体操作如下：

（1）关闭工作簿：在"文件"选项卡中单击"关闭"按钮。

（2）保存工作簿：在"文件"选项卡中单击"保存"按钮。若是新建的工作簿，会弹出提示指定位置对话框，需要用户自定义保存路径。如果是打开已有的工作簿，就直接保存在原有路径中。

4.2　Excel 2010 工作表的创建和编辑

本节主要介绍使用 Excel 2010 制作电子表格，包括工作表的创建、编辑等功能的使用，掌握基本的电子表格制作方法。

4.2.1　工作表的创建、删除、重命名和切换

1. 创建工作表

在打开的工作簿中，默认显示三张工作表，名称分别为 Sheet1、Sheet2、Sheet3，若想创建新的工作表，需要单击工作簿编辑区下方的"插入工作表"按钮，如图4-28所示。或者右击工作表名称，在弹出的快捷菜单中单击"插入"命令，如图4-29所示。

2. 删除工作表

在打开的工作簿中，若想删除已建工作表，可以右击工作表名称，在弹出的快捷菜单中

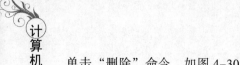

单击"删除"命令，如图 4-30 所示。

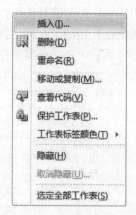

图 4-28　单击"插入工作表"按钮　　　　图 4-29　右击工作表名称选择"插入"命令

3. 重命名工作表

在打开的工作簿中，若想对已建工作表进行重新命名，可以右击工作表名称，在弹出的快捷菜单中单击"重命名"命令，如图 4-31 所示。

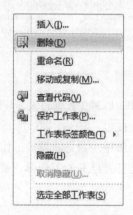

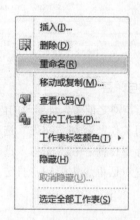

图 4-30　右击工作表名称　　　　　　　图 4-31　右击工作表名称
单击"删除"命令　　　　　　　　　单击"重命名"命令

4. 切换工作表

在打开的工作簿中，若想在不同的工作表进行切换，可直接单击工作表名称。若工作表建立过多而无法看到全部工作表名称，可以单击工作表名称左侧的 ⏮ ◀ ▶ ⏭ 按钮移至所需的工作表后单击工作表名称完成切换任务。

4.2.2　单元格的激活与选定

1. 选定单元格

选定单元格是在对表格中数据进行编辑的第一步，选定后的单元格边框呈黑色粗线框，且在当前选中单元格右下角会出现填充柄符号 ◼。合理地选定单元格有以下几种方法：

方法 1：单击工作表中任意单元格，即可选定某个单元格，如图 4-32 所示，此方法适合选定并修改某个单元格数据。

方法 2：按住【Ctrl】键，分别单击工作表中不连续的单元格，即可分散选中若干个单元格，如图 4-33 所示，此方法适合选定并修改分散位置单元格的数据格式。

方法 3：按住【Shift】键，分别选中任意两个单元格，即可连续选中这两个单元格中横向和纵向所有单元格区域，如图 4-34 所示，此方法适合选定并修改连续位置单元格的数据格式

图 4-32 选定一个单元格

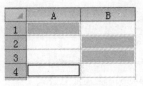
图 4-33 选定分散单元格

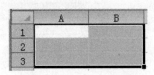
图 4-34 选定连续单元格

2. 激活单元格

激活单元格是在对表格中数据进行编辑的第二步，选定单元格后双击单元格，或者选定单元格后单击键盘上的【F2】键可以激活单元格。

选定单元格与激活单元格在数据录入时存在不同，选择合适的操作可以高效地改变单元格内容，如表 4-1 所示。

表 4-1 选定与激活单元格操作对比

操　　作	输入内容后的变化
选定单元格	替换原有单元格全部内容
激活单元格	在单元格内容的右侧新增内容

4.2.3　数据的输入方式

在选定的单元格中输入数据，有以下两种方法：

方法 1：逐一输入。

直接使用输入法在选定的某个单元格中输入内容，此方法适用于录入数据量较小的数据信息。

方法 2：批量输入。

使用"数据"选项卡中的"获取外部数据"命令，此方法适用于批量录入 Access 数据库、网站、记事本和数据链接中关系复杂的一批大数据，如图 4-35 所示。

图 4-35　获取外部数据

4.2.4　使用公式和函数

在 Excel 2010 中，使用公式和函数能高效完成复杂数据间的计算与分析。复杂公式在"插入"选项卡的"符号"命令组中，函数则在"公式"选项卡中，下面介绍公式与函数的相关操作。

1. 使用公式

在 Excel 2010 中使用公式，输入常见公式可以在单元格中输入等号"="后单击参加运算的单元格，同时输入运算连接符，例如在 A2 单元格中输入加法公式"=A1+B1"，公式输入完后按【Enter】键即可在单元格 A2 中显示出 A1 与 B1 单元格的求和结果，如图 4-36 所示。

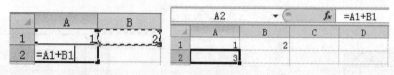

图 4-36　输入常见公式

在 Excel 2010 中使用公式，插入"特殊"的数学公式，可以使用 Excel 2010 自带的数学公式编辑器来完成，单击"插入"选项卡"符号"组中的"公式"下拉菜单，单击所需的数学公式，即可在工作簿编辑区中以图片方式显示所选公式，单击当前公式可以在功能区中看到新的"公式工具-设计"选项卡，在这个选项卡中可以对公式进行编辑，改变"专业型""线性""普通文本"三种公式模式，输入各种数学公式符号与各类数学公式结构，如图 4-37 所示。

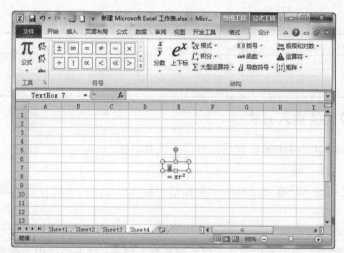

图 4-37　插入与编辑数学公式

2. 使用函数

在 Excel 2010 中使用函数，可以单击"公式"选项卡"函数库"组中的"插入函数"按钮，如图 4-38 所示，在弹出的"插入函数"对话框中双击选择需要的函数，之后在"函数参数"对话框中设置参数，如图 4-39 所示；

图 4-38　插入函数

图 4-39 "插入函数"对话框

4.2.5 单元格自动填充

使用 Excel 2010 单元格的自动填充功能，能实现快速录入一组具有规律的序列。为了更好地提供各种填充内容，Excel 2010 提供了自定义序列功能，用于改变自动填充时所填充的内容。下面分别介绍自定义序列与自动填充的使用。

1. 自定义序列

单击"文件"选项卡中的"选项"命令，在弹出的"Excel 选项"对话框"高级"选项卡下的"常规"参数组中单击"编辑自定义序列"按钮，如图 4-40 所示。

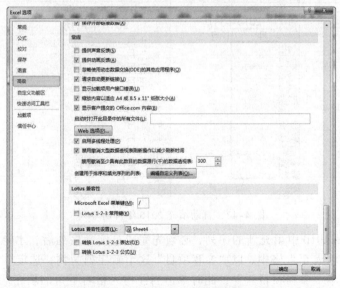

图 4-40 "高级"选项卡中的常规参数

在弹出的"自定义序列"对话框中，单击"自定义序列"下的"新序列"命令，此时光标出现在"输入序列"下方的输入框中。以输入"参赛项目一、参赛项目二、参赛项目三"序列为例，直接输入文本"参赛项目一,参赛项目二,参赛项目三"，输入序列格式为每行一个序列项目值，单价"添加"按钮，即可在自定义序列下出现新建的序列，或者使用"导入"

按钮将表格中的已有数据直接导入到新序列，然后单击对话框上的"确定"按钮，如图 4-41 所示。

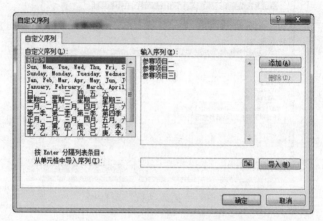

图 4-41　"自定义序列"对话框中添加新的序列

2.　自动填充

自动填充可以将自定义序列中所有的数据一次性填充进表格中，以制作 2016 年月历为例，分别将月份与农历月份自动填充进表格对应位置，选定单元格输入需要填充序列的首个文本"一月"或"正月"，每个序列的首个文本可以参考图 4-41，此时单击当前单元格右下角的填充柄符号，向下侧拖动鼠标至当前单元格下面第十二格后释放鼠标，就可看到自动填充后的效果，如图 4-42 所示。

图 4-42　自动填充 2016 年月历序列

若要在 Excel 2010 中填充新的序列，必须先完成自定义序列后，才能按照自动填充的方式将新的序列填入至表格中，以"参赛项目"这个新序列为例，选定单元格输入需要填充序列的首个文本"参赛项目一"，此时单击当前单元格右下角的填充柄符号，向右侧拖动鼠标至当前单元格右侧第三格后松开鼠标，就可看到自动填充后的效果，如图 4-43 所示。

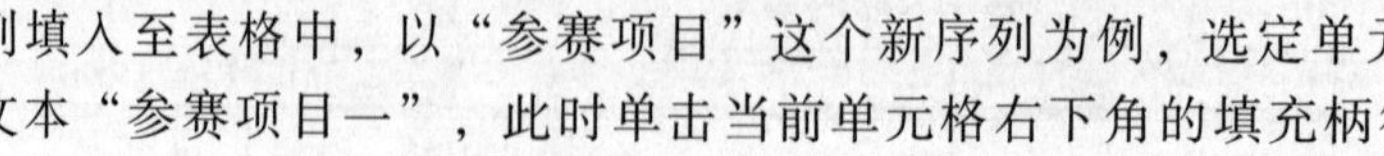

图 4-43　自动填充新序列

4.2.6 单元格的插入和删除

使用 Excel 2010 单元格的插入和删除功能，能在建好的表格中重新插入新的单元格或删除某一个单元格。下面介绍实现单元格的插入和删除的常用方法。

1. 插入单元格

选中某个单元格，右击后在弹出的快捷菜单中选择"插入"命令。以单元格 B3 为例，在 B3 单元格的上方插入一个内容为"货币"的新单元格，单击选中的 B3 单元格，右击后选中"插入"命令，如图 4-44 所示。在弹出的"插入"对话框中选择"活动单元格下移"命令，单击"确定"按钮即可在 B3 单元格上方插入一个空白单元格，输入文本"货币"，如图 4-45 所示。

图 4-44 "插入单元格"命令　　　　图 4-45 选择单元格插入的位置

2. 删除单元格

选中某个单元格，右击后在弹出的快捷菜单中选择"删除"命令。以单元格 B3 为例，删除 B3 单元格并上移 B3 单元格之后的所有内容，单击选中的 B3 单元格，右击后选中"删除"命令，如图 4-46 所示。在弹出的"删除"对话框中选择"下方单元格上移"命令，单击"确定"按钮即可，如图 4-47 所示。

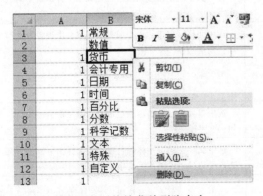 

图 4-46 快捷菜单删除命令　　　　图 4-47 "删除"对话框

4.2.7 单元格的内容编辑

使用 Excel 2010 单元格的内容编辑功能，可在已建好的表格中对单元格的内容进行编辑。编辑单元格中的内容分为两部分，一是文本编辑，二是对齐方式。

1. 单元格文本编辑

编辑单元格中的文本，可以使用"开始"选项卡的"字体"选项组，如图 4-48 所示。或直接右击单元格，使用弹出的快捷工具栏，如图 4-49 所示。这两种方法的使用，后者更为便捷，鼠标在选中文本的同时右击就可在鼠标不远处看到所需的文本编辑命令，这是 Excel 2010 为方便用户快捷编辑单元格内容的一种新功能。

图 4-48　单元格文本编辑"字体"选项组

图 4-49　快捷工具栏

下面介绍"字体"命令组的基本功能，如表 4-2 所示。

表 4-2　"字体"命令组的基本功能

命令按钮	命令名称	作　用	效　果
幼圆	字体	更改字体	选中文字，单击幼圆，文字字体会更改为幼圆，例如：文字
6	字号	更改文字的尺寸	选中文字，单击字号为"6"，文字尺寸会变化，例如：文字
A⌃	增大字号	逐渐将字号变大	选中文字，单击增大字号按钮，文字会减一号，例如：文字 文字
A⌄	缩小字号	逐渐将字号变小	选中文字，单击增大字号按钮，文字会减小一号，例如：文字文字
B	加粗	将所选文字加粗	选中文字，单击加粗按钮，文字会变粗，例如：文字**文字**
I	倾斜	将所选文字设置为倾斜	选中文字，单击倾斜按钮，文字会倾斜，例如：文字*文字*
U	下画线	给所选文字加下划线	选中文字，单击下划线按钮，文字下方出现下划线，例如：文字<u>文字</u>
⊞	边框	对当前所选单元格应用边框	选单元格，单击边框按钮，单元格会出现各种边框样式，例如：所有边框 | 文字 | 文字 | | 文字 | 文字 |
⬧	填充色	更改单元格填充颜色	选中单元格，单击填充色按钮，单元格会出现填充色彩，例如：文字 文字
A	字体颜色	更改文字颜色	选中文字，单击字体颜色按钮，选择文字颜色，文字会根据选色变化颜色，例如：文字文字
变	拼音	显示或隐藏拼音字段	选中文字，单击拼音按钮，文字上方会出现拼音，例如：文 wén zì 字 文 字

除了上述操作方式可以改变单元格内容，还可以使用快捷组合键的方式编辑单元格内容。同时按下键盘上的【Ctrl+Shift+F】键，可以快速弹出"设置单元格格式"对话框，在这

个对话框中同样可以设置字体、字号、下划线、删除线、字体颜色、加粗、倾斜，除此之外也可以像 Word 2010 一样设置上标和下标，如图 4-50 所示。

2. 单元格对齐方式

编辑文本在元格中文本的文字，可以使用"开始"选项卡的"对齐方式"选项组，如图 4-51 所示。

图 4-50 "设置单元格格式"对话框　　　　图 4-51 "对齐方式"选项组

下面介绍"对齐方式"选项组的基本功能，如表 4-3 所示。

表 4-3 "对齐方式"命令组的基本功能

命令按钮	命令名称	作用	效果
≡ ≡ ≡	垂直对齐	单元格内容垂直方向分别上对齐、中对齐、下对齐	选中单元格，单击垂直对齐按钮，文字在单元格中有三种对齐方式，例如：
≡ ≡ ≡	水平对齐	单元格内容水平方向分别左对齐、中对齐、右对齐	选中单元格，单击水平对齐按钮，文字在单元格中有三种对齐方式，例如：
≫	方向	更改文字在单元格中的方向	选中单元格，单击方向下拉菜单，选中合适的文字方向，例如：
镶	减少缩进	减小边框与单元格文字间的间距	选中单元格，当文字居中时，单击减少缩进按钮，文字与左边框距离更近，例如：
镶	增加缩进	增加边框与单元格文字间的间距	选中单元格，当文字居中时，单击增加缩进按钮，文字与右边框距离更近，例如：
镶	自动换行	通过多行显示，使单元格所有内容可见	选中单元格，单击自动换行命令，文字自动按照单元格宽度进行换行，例如：

命令按钮	命令名称	作　用	效　果
⊞	合并后居中	将选中的多个单元格合并为一个单元格，并将新单元格中的内容居中	同时选中连续的多个单元格，单击合并后居中按钮，效果如： 合并前：文字 文字 文字 合并后：文字 注意：合并后的单元格只保留第一个单元格中数据与格式

4.2.8　撤销和恢复

使用软件完成任务时，常常会出现错误操作，为了返回错误之前的操作，大部分的软件都拥有撤销错误操作的功能，倘若发现操作正确时也可以将撤销的操作再恢复回来。下面介绍这两个操作的使用方法。

1. 撤销

单击快速访问工具栏中的撤销按钮 ↶˙ 可以单步撤销当前操作，若单击撤销按钮右侧的下拉按钮，则弹出撤销操作的下拉菜单，其中可以看见之前完成的许多操作，选择并单击下拉菜单中相应的操作即可跳转到所选操作，如图 4-52（a）所示。

2. 恢复

单击快速访问工具栏中的恢复按钮 ↷˙ 可以单步恢复之前撤销的操作，若单击恢复按钮右侧的下拉按钮，则弹出恢复操作的下拉菜单，其中可以看见之前撤销的许多操作，选择并单击下拉菜单中的某个撤销操作即可恢复已撤销的操作，如图 4-52（b）所示。

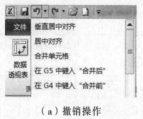　

（a）撤销操作　　　　　　　　　　　　　（b）恢复操作

图 4-52　撤销和恢复操作

4.3　Excel 2010 工作表的格式化

为了使表格的排版布局更美化和统一，Excel 2010 提供了大量的工作表格式化功能，这些功能可将选中的所有单元格进行批量地排版布局。

4.3.1　单元格数据的格式化

在 Excel 2010 中，单元格的数据有各种类型，分别为常规、数值、货币、会计专用、日期、时间、百分比、分数、科学记数、文本、特殊、自定义 12 个不同类型，相同数值但不同类型的数据在表格中显示不同，如表 4-4 所示。

右击选定单元格，在弹出的快捷菜单中选中"设置单元格格式"命令，如图 4-53 所示。

表 4-4　不同数据类型显示结果对比

结果显示		数据类型
1		常规
1.00		数值
￥1.00		货币
￥	1.00	会计专用
1900-1-1		日期
0 时 00 分 00 秒		时间
100.00%		百分比
1		分数
1.00E+00		科学记数
1		文本
000001		特殊
$ 1.00		自定义

图 4-53　"设置单元格格式"对话框

在弹出的"设置单元格格式"对话框中,选择"数字"选项卡上的不同类型,即可在对话框右侧调整对应类型的相关参数,以"数值"类型为例,可设置数值的小数位数、千分位分隔符、负数三种参数,如图 4-54 所示。除了数学、金融、邮政等行业的数据会常用到这些数据类型,Excel 2010 还提供了自定义类型以适应更多的数据格式化,使用户根据实际需要灵活应对各种单元格数据格式,如图 4-55 所示。

图 4-54　"设置单元格格式"对话框

图 4-55　自定义数据类型

4.3.2　单元格的格式化

打开"设置单元格格式"对话框，对话框中包含的"对齐""字体""边框""填充"选项卡能格式化所选单元格文本对齐格式、字体格式、单元格边框格式、单元格填充格式。如图 4-56～图 4-59 所示。

图 4-56　格式化单元格的对齐方式

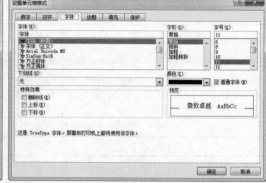

图 4-57　格式化单元格的字体格式

图 4-58　格式化单元格的边框格式

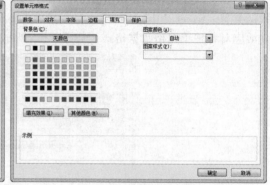

图 4-59　格式化单元格的填充格式

4.3.3　高级格式化

与 Excel 2010 早期版本相比，Excel 2010 拥有更多格式化功能，其中"条件格式"功能从可视化的角度将数据进行更直观展现，使大量的数据分析变得更易于操作。例如：在成千上万的数据中找到符合条件的数据并通过可视化手段对其进行格式化，如图 4-60 所示，找到所有大于 100 的数据。

	A	B	C	D
1	4	6673	5	35
2	435	34	8	343
3	24	8	265	
4	123	6543	3	435
5	4	4	8	23
6	1	-26	5	
7	745	-36	82	67
8	73	0	3	8
9	4	67357	9	45
10	59	59	7	2
11	98	55	5	43
12	890	28	5	57

图 4-60　格式化大于 100 的所有数据

Excel 2010 中的"条件格式"命令在"开始"选项卡"样式"选项组中，如图 4-61 所示。其中包含"突出显示单元格规则""项目选取规则""数据条""色阶""图标集"等命令集合，如图 4-62 所示。

图 4-61 "开始"选项卡　　　　　图 4-62 "条件格式"下拉菜单

"突出显示单元格规则"以数据的大小、文本的包含，日期的范围，重复值等条件将数据进行格式化，简化了异常值的查找过程，如图 4-63 所示。选中单元格后，单击"文本包含"条件类别，可设置格式化数据的条件与格式要求，格式化所有含有文本 9 的单元格并格式化为绿填充色深绿色文本，最终效果如图 4-64 所示。

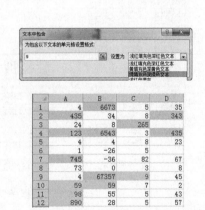

图 4-63 突出显示单元格规则中的"文本包含"　　图 4-64 "文本包含"对话框及显示结果

"项目选取条件"以数值一定范围内的排序、数值与平均值的比较等条件将数据进行格式化，简化了某一区间中异常值的批量查找过程，"项目选取条件"下拉菜单如图 4-65 所示。选中单元格后，单击"值最大的 10 项"条件类别，可设置格式化数据的条件与格式要求，格式化所有单元格中最大的 10 项数据并格式化为黄填充色深黄色文本，最终效果如图 4-66 所示。

"数据条""色阶""图标集"均以比较表格中所有单元格的值为条件将数据进行格式化，简化了数据与数据之间数值的比较过程，三种表示样式如图 4-67 所示，其中"数据条"筛选出所有数据中最大的几个数据进行格式化，"色阶"将所有数据进行数值大、中、小三个等级分别用三种颜色进行数据格式化，"图标集"将所有数据进行数值最大、较小数据两个等级分别用两种颜色进行数据格式化，最终效果如图 4-68 所示。

图 4-65 "项目选取条件"中的
"值最大的 10 项"命令

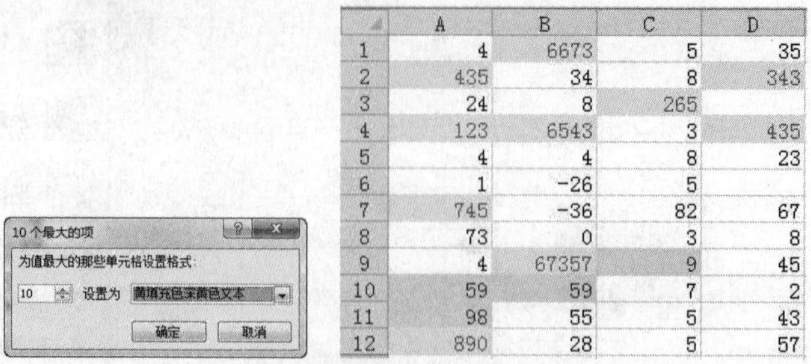

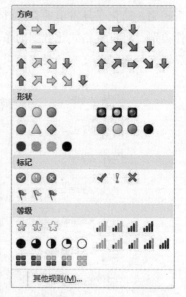

图 4-66 "值最大的 10 项"对话框
与显示结果

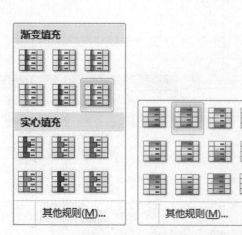

图 4-67 "数据条""色阶""图标集"中的命令

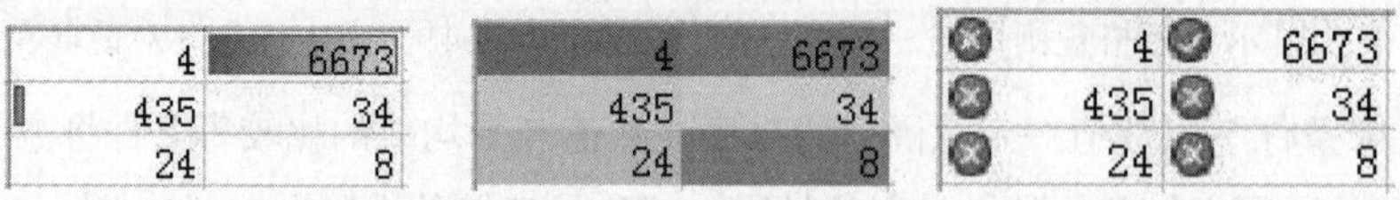

	4	6673		4	6673	
435		34		435	34	
24		8		24	8	

图 4-68 "数据条""色阶""图标集"命令最终效果

4.4 数 据 管 理

数据管理功能存在于 Excel 的所有版本中，Excel 2010 版本的数据管理依旧包含了对数据分析与管理的大量命令。在功能区中的"数据"选项卡中，如图 4-69 所示，除了"获取外部数据"与"连接"这两组与批量数据录入的功能以外，剩下的所有命令组都是关于数据分析与管理的命令。本节了解数据的各项分析与管理，有助于完成在各行业中数据的有效分析与管理。

图 4-69　功能区中的"数据"选项卡

4.4.1　数据清单

数据清单是按记录和字段的结构特点组成的数据区域，日常生活我们所填写的个人情况表、培训学员名单等都是数据清单。在 Excel 2010 版本中，为了录入与处理批量大数据，数据清单的逐个数据录入功能渐渐淡出了命令功能区，因此在 Excel 2007 版本之后已经无法在功能区中找到"数据清单"命令。但是，由于软件兼容性，用户仍可在 Excel 2010 版本的"Excel 选项"中找到"数据清单"命令并添加到功能区中。

单击"文件"下的"选项"命令，在弹出的"Excel 选项"对话框中，找到"自定义功能区"选项卡，在"从下列位置选择命令"下拉菜单中选择"不在功能区中命令"，在其下方的列表中找到"记录单"命令，使用"添加"按钮将该命令添加到右侧的"自定义功能区"列表中合适的位置，例如，将"记录单"命令添加至功能区中自定义的名为"数据清单"的选项卡中，单击"确定"按钮后，在"数据清单"选项卡下单击"记录单"按钮，即可弹出数据清单功能录入数据对话框。步骤演示与最终效果如图 4-70 所示。

图 4-70　在 Excel 选项中增加不在功能区中的命令及最终效果图

4.4.2 数据排序

数据排序是一次性根据多个条件对数据进行排序。其中包含将最小值列于列顶端的"升序"按钮，将最大值列于列顶端的"降序"按钮，以及一个根据多条件进行排序的"排序"按钮，如图 4-71 所示。例如：设置一组数据的排序，选中这组数据，单击升序/降序按钮，最终结果如图 4-72 所示。

图 4-71 数据排序命令 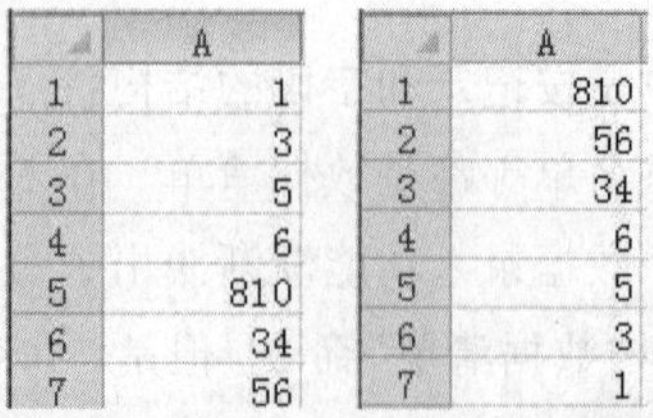　　　图 4-72 数据排序结果（左侧为升序排序，右侧为降序排序）

4.4.3 数据筛选

数据筛选是对数据进行筛选的命令。其中包含"筛选""清除筛选""重新应用筛选""高级筛选"四个按钮，如图 4-73 所示。例如，设置一组数据的排序，选中这组数据，设置一定的筛选条件（分数小于 30），最终结果如图 4-74 所示。

图 4-73 数据筛选命令 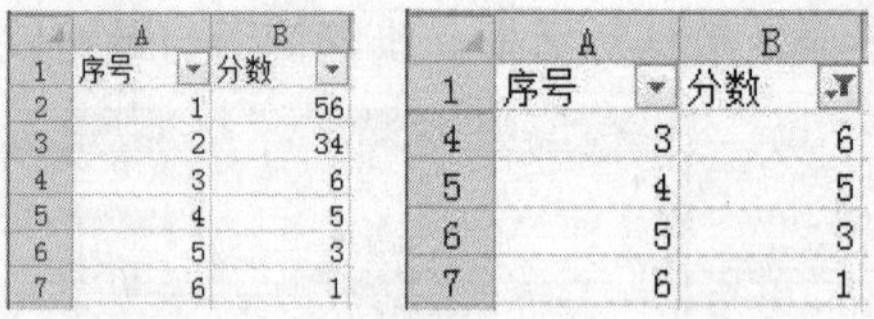　　　图 4-74 数据排序结果（左侧为升序排序，右侧为降序排序）

4.4.4 分类汇总

通过使用"分类汇总"命令可以自动计算列的列表中的分类汇总和总计。在表格中添加分类汇总，首先必须将该表格转换为常规数据区域，然后再添加分类汇总。注意，这将从数据删除表格格式以外的所有表格功能。

插入分类汇总时，分类汇总是通过使用 SUBTOTAL 函数与汇总函数来完成。

汇总函数是一种计算类型，用于在数据透视表或合并计算表中合并源数据，或数据库中插入自动分类汇总。汇总函数包括 SUM、COUNT 和 AVERAGE（如"求和"或"平均值"）等，可以为每列显示多个汇总函数类型。

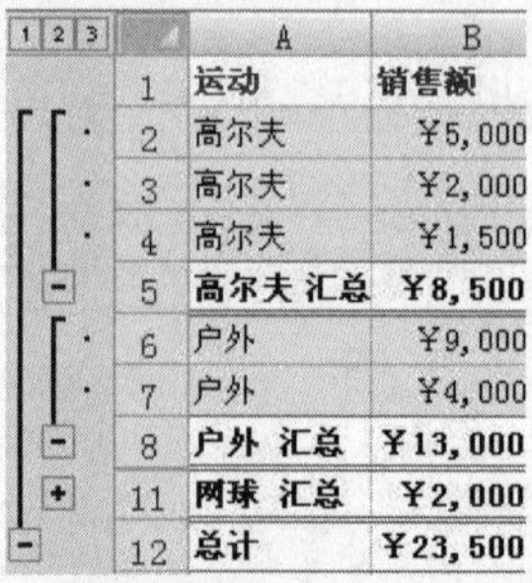

总计是从明细数据（明细数据：在自动分类汇总和工作表分级显示中，由汇总数据汇总的分类汇总行或列。明细数据通常与汇总数据相邻，并位于其上方或左侧）派生的，而不是从分类汇总中的值派生的。例如，如果使用了"平均值"汇总函数，则总计行将显示列表中所有明细数据行的平均值，而不是分类汇总行中汇总值的平均值，如图 4-75 所示。

如果将工作簿设置为自动计算公式，则在编辑明细数据时，

图 4-75 分类汇总

"分类汇总"命令将自动重新计算分类汇总和总计值。"分类汇总"命令还会分级显示（分级显示：工作表数据，其中明细数据行或列进行了分组，以便能够创建汇总报表。分级显示可汇总整个工作表或其中的一部分）列表，以便可以显示和隐藏每个分类汇总的明细行。

4.5　数据图表化

图表是对工作表中数据的图形表示。图表更能描述数据，更清晰地反映数据趋势。对工作簿中某一工作表创建一张图表，图表创建可以嵌入到当前工作表中，也可以创建到一张新的工作表中，在 Excel 2010 中，可以更快、更容易地创建图表。在"插入"选项卡中的"图表"功能组，可完成选择所需的图表类型，如图 4-76 所示。

图 4-76　插入图表

4.5.1　创建图表

选中创建图标所需要的数据范围，单击"插入"选项卡中"图表"选项组下的"柱形图"按钮，如图 4-76 所示。这里以创建一个销售部门 4 个月销售情况的柱形图表为例，选择 B1:B5 单元格区域后选择"柱形图"图表类型中的"簇状柱形图"，如图 4-77 所示。最终效果如图 4-78 所示。

图 4-77　选择簇状柱形图

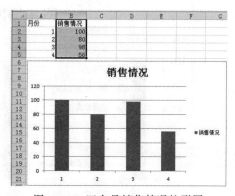

图 4-78　四个月销售情况柱形图

4.5.2　设置图表

单击已创建的图表，对需要设置的位置右击，当选中不同对象时，会出现不同的快捷菜单，如表 4-5 所示。

表 4-5　图表中的快捷菜单命令一览表

图表对象名称	快捷菜单内容
图表标题 （见图 4-78 最上方"销售情况"文本区）	删除(D) 重设以匹配样式(A) 编辑文字 字体(F)… 更改图表类型(Y)… 选择数据(E)… 三维旋转(R)… 设置图表标题格式(F)…
图表绘图区 （见图 4-78 中坐标区）	删除(D) 重设以匹配样式(A) 更改图表类型(Y)… 选择数据(E)… 三维旋转(R)… 设置绘图区格式(F)…
图表图例 （见图 4-78 最右侧"销售情况"文本区）	删除(D) 重设以匹配样式(A) 字体(F)… 更改图表类型(Y)… 选择数据(E)… 三维旋转(R)… 设置图例格式(F)…

下面以设置图标绘图区中坐标轴为例，右击第一个月下面的月份显示轴（即横坐标第一个数字），如图 4-79 所示。

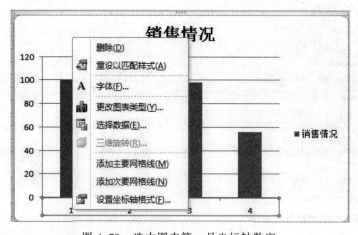

图 4-79　选中图表第一月坐标轴数字

单击弹出的快捷菜单中的"设置坐标轴格式"命令，在弹出的对话框中设置横"月份"标签与坐标轴的距离为 500，月份显示数字格式为 yyyy 年 m 月，如图 4-80 所示。最终效果如图 4-81 所示。

图 4-80　设置图表中月份的格式

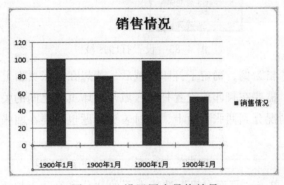

图 4-81　设置图表最终效果

4.6　页面设置和打印

使用 Excel 2010 软件对表格进行打印，需要对表格内容的显示、表格尺寸的控制等进行设置，保证表格中所有内容能被完整打印，这都需要使用打印的设置功能，单击"文件"选项卡下的"打印"命令，如图 4-82 所示。

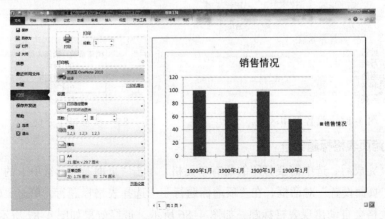

图 4-82　Excel 2010 打印界面

4.6.1 设置打印区域和分页

打印表格的局部内容，首先需要设置打印区域，当选中所需数据内容后，单击"页面布局"选项卡下的"页面设置"命令组，单击"打印区域"命令，在弹出的下拉菜单中单击"设置打印区域"即可，如图 4-83 所示。

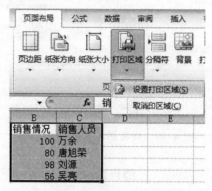

图 4-83　设置打印区域

以图 4-83 中的表格为例，确定了打印区域后，若想在两张页面上分别打印不同的两位销售人员销售情况表，需要在打印前设置打印区域与打印页面之间的关系，这里需要使用分页命令将四人的销售情况分到两张页面上，同时表头标题也需要在两张页面上同时显示。方法如下。

1. 分页打印

单击 B4 单元格，单击"页面布局"选项卡下的"分隔符"下拉菜单中"插入分页符"命令，此时会在当前所选单元格上方出现一个分页，如图 4-84 所示。最终效果如图 4-85 所示。

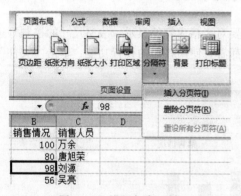

图 4-84　设置打印区域　　　　　　图 4-85　设置打印分页

2. 设置跨页表格标题部分

表格分页完成后，选中需要打印的所有单元格，单击"页面布局"选项卡的"打印标题"按钮，弹出"页面设置"对话框，在"顶端标题行"中选择表格标题行，单击"确定"按钮，此时每页的表格会自动出现表格标题，如图 4-86 所示。最终效果如图 4-87 所示。

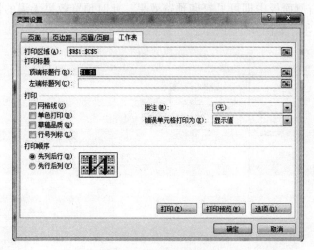

图 4-86　设置表格标题

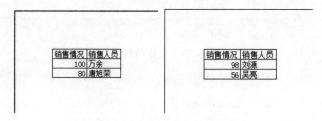

图 4-87　设置表格标题最终效果

4.6.2　页面设置

单击"页面布局"选项卡的"页边距""纸张方向"等按钮，可对打印页面进行设置，如图 4-88 和图 4-89 所示。

图 4-88　设置打印边距

图 4-89　设置打印纸张方向

4.6.3　打印预览和打印

Excel 2010 版本将打印预览融合到"文件"选项卡中，当单击"文件"选项卡的"打印"

命令后，在弹出的右侧面板中即可见打印预览效果，此时预览效果无误的情况下，即可单击"打印"按钮完成打印，如图 4-90 所示。

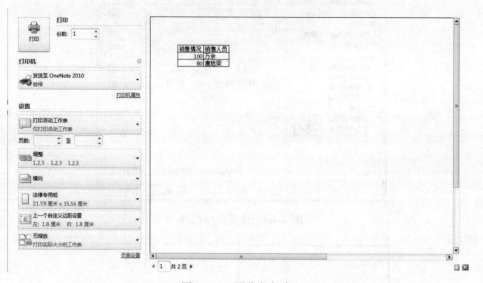

图 4-90　预览与打印

第⑤章

➡ 演示文稿制作软件 PowerPoint 2010

学习目标

- 掌握演示文稿的创建及常用操作。
- 掌握演示文稿的编辑与美化的方法。
- 掌握演示文稿播放效果设置的方法。
- 学会演示文稿的演示与打印。

5.1 PowerPoint 2010 的基础知识

5.1.1 PowerPoint 2010 的主要功能和特点

PowerPoint 2010 是 Microsoft Office 2010 办公套装软件的一个重要组成部分，专门用于设计、制作信息展示领域（如演讲、报告、各种会议、产品演示、商业演示等）的各种电子演示文稿（俗称幻灯片），也可以用它制作多媒体课件，用户可以在 PowerPoint 2010 演示文稿中编辑添加文本、图形、图像、声音、视频等多媒体信息，使得演示文稿的内容编辑丰富多彩、直观生动、表现力强。随着办公自动化技术的不断推广和普及，PowerPoint 2010 的应用越来越广泛。

1. 强大的制作功能

文字编辑功能强，段落格式设置丰富，文件格式多样，绘图手段齐全，色彩表现力强。

2. 通用性强，易学易用

PowerPoint 2010 是在 Windows 操作系统下运行的专门用于制作演示文稿的软件，其界面与 Windows 界面相似，与 Word 和 Excel 的使用方法大部分相同，幻灯版面布局多样，提供多种模板及详细的帮助系统。

3. 强大的多媒体展示功能

PowerPoint 2010 演示的内容可以是文本、图形、图表、图片或有声图像，且具有较好的交互功能和演示效果。

4. 较好的 Web 支持功能

利用工具的超链接功能，可指向任何一个新对象，也可将演示文稿发送到互联网上。

5. 一定的程序设计功能

提供了 VBA 功能（包含 Visual Basic 编辑器 VBE），可以融合 Visual Basic 进行开发。

5.1.2 PowerPoint 2010 的视图类型

　　PowerPoint 2010 演示文稿主要有四种视图表现方式，分别为：普通视图、幻灯片浏览视图、阅读视图、幻灯片放映视图。此外，还有为演讲者提供的备注视图。控制视图的工具按钮在幻灯片工作窗口下方、状态栏最右侧，如图 5-1 所示。

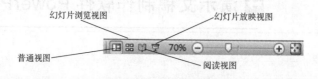

图 5-1　视图工具按钮

1. 普通视图

　　它是系统默认的工作模式，也是最常用的工作模式。由三部分构成：大纲选项卡（主要用于显示、编辑演示文稿的文本大纲，其中列出了演示文稿中每张幻灯片的页码、主题及相应的要点）、幻灯片选项卡（主要用于显示、编辑演示文稿中幻灯片的详细内容）及备注栏（主要用于为对应的幻灯片添加提示信息，对使用者起备忘、提示作用，在实际播放演示文稿时受众看不到备注栏中的信息）。

　　打开普通视图的方法有两种：一种是单击屏幕上视图按钮中的"普通视图"按钮；二是单击"视图"选项卡中的"演示文稿视图"选项组中的按钮。

2. 幻灯片浏览视图

　　幻灯片浏览视图以最小化的形式显示演示文稿中的所有幻灯片，在这种视图下可以进行幻灯片的顺序调整、幻灯片动画设计、幻灯片放映设置和幻灯片切换设置等。打开幻灯片浏览视图的方法是单击屏幕上视图按钮中的"幻灯片浏览视图"按钮，如图 5-2 所示。

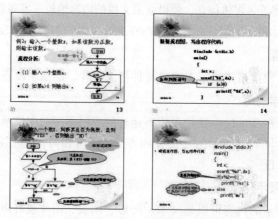

图 5-2　幻灯片浏览视图

3. 阅读视图

　　该视图仅显示标题栏、阅读区和状态栏，主要用于浏览幻灯片的内容。在该模式下，演示文稿中的幻灯片将以窗口大小进行放映。

4. 幻灯片放映视图

　　用于查看设计好的演示文稿的放映效果及放映演示文稿。打开幻灯片放映视图的方法有两种：一种是单击屏幕上视图按钮中的"幻灯片放映"视图按钮；二是单击"幻灯片放映"选项卡中的"开始放映幻灯片"选项组中的按钮。

5.1.3 PowerPoint 2010 的启动及窗口构成

1. PowerPoint 2010 的启动

其方法和启动 Word 2010、Excel 2010 等 Office 2010 套装组件的方法相似，可采用下列任何一种方法：

- 选择"开始"→"程序"→Microsoft Office→Microsoft Office PowerPoint 2010 命令。这是一种标准的启动方法。
- 双击桌面中的 Microsoft Office PowerPoint 2010 快捷方式图标即可启动 PowerPoint 2010，这是一种快速的启动方法。
- 在"资源管理器"或"计算机"中打开任意一个已建好的 PowerPoint 2010 文档，即可启动 PowerPoint 2010。
- 单击"开始"按钮，选择"运行"命令，在"运行"文本框中输入 PowerPoint，按【Enter】键，即可启动 PowerPoint 2010。

2. PowerPoint 2010 的退出

- 单击 PowerPoint 2010 标题栏右上角的"关闭"按钮 ⊠
- 双击 PowerPoint 2010 标题栏左上角的系统控制菜单。
- 选择"文件"→"退出"命令。
- 按【Alt+F4】组合键。

3. PowerPoint 2010 的窗口构成

启动 PowerPoint 2010 后将进入其工作界面，熟悉其工作界面各组成部分是制作演示文稿的基础。PowerPoint 2010 工作界面是由标题栏、快速访问工具栏、标签栏、功能区、"幻灯片/大纲"窗格、幻灯片编辑区、备注窗格和状态栏等部分组成的，如图 5-3 所示。

图 5-3　PowerPoint 2010 工作窗口的组成

PowerPoint 2010 工作界面各部分的组成及作用介绍如下：

- 标题栏：位于 PowerPoint 工作界面的右上角，它用于显示演示文稿名称和程序名称，最右侧的三个按钮分别用于对窗口执行最小化、最大化/还原和关闭等操作。
- 快速访问工具栏：该工具栏上提供了最常用的"保存"按钮 ，"撤销"按钮 和"恢复"按钮 ，单击对应的按钮可执行相应的操作。如要在快速访问工具栏中添加其他按钮，可单击其后的 按钮，在弹出的下拉菜单中选择所需的命令即可。
- "文件"选项卡：用于执行 PowerPoint 演示文稿的新建、打开、保存和退出等基本操作；该菜单右侧列出了用户经常使用的演示文稿名称。
- 标签：相当于菜单命令，它将 PowerPoint 2010 的所有命令集成在几个功能选项卡中，选择某个标签可切换到相应的选项卡。
- 功能区：在功能区中有许多自动适应窗口大小的选项组，不同的选项组中又放置了与此相关的命令按钮或列表框。
- "幻灯片/大纲"窗格：用于显示演示文稿的幻灯片数量及位置，通过它可以更加方便地掌握整个演示文稿的结构。在"幻灯片"窗格下，将显示整个演示文稿中幻灯片的编号及缩略图；在"大纲"窗格下列出了当前演示文稿中各张幻灯片中的文本内容。
- 幻灯片编辑区：是整个工作界面的核心区域，用于显示和编辑幻灯片，在其中可输入文字内容、插入图片和设置动画效果等，是使用 PowerPoint 制作演示文稿的操作平台。
- 备注窗格：位于幻灯片编辑区下方，可供幻灯片制作者或幻灯片演讲者查阅该幻灯片信息或在播放演示文稿时对需要的幻灯片添加说明和注释。
- 状态栏：位于工作界面最下方，用于显示演示文稿中所选的当前幻灯片及幻灯片总张数、幻灯片采用的模板类型、视图切换按钮及页面显示比例等。

5.2 演示文稿的创建与常见操作

演示文稿实际上指的是以.pptx 为扩展名的 PowerPoint 的存储文件，演示文稿的表现形式多样，能借助文字、声音、图片、动画和视频等多种多媒体手段，利用所需要的素材将需要表达的主题制作成一个独立的可以放映的文件。

5.2.1 演示文稿的创建

演示文稿的创建通常有三种方法，下面分别介绍这三种方法。

1）创建空白演示文稿

启动 PowerPoint 2010 后，系统会自动新建一个空白演示文稿。除此之外，用户还可通过命令或快捷菜单创建空白演示文稿，其操作方法分别如下：

- 通过快捷菜单创建：在桌面空白处右击，在弹出的快捷菜单中选择"新建"→"Microsoft PowerPoint 演示文稿"命令，在桌面上将新建一个空白演示文稿，如图 5-4 所示。
- 通过命令创建：启动 PowerPoint 2010 后，选择"文件"→"新建"命令，在"可用的模板和主题"栏中单击"空白演示文稿"图标，再单击"创建"按钮 ，即可创建一个空白演示文稿，如图 5-5 所示。

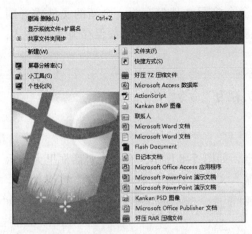

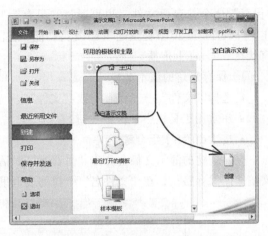

图 5-4　通过快捷菜单创建文档　　　　图 5-5　通过命令按钮创建文档

2）利用模板创建演示文稿

对于时间不宽裕或是不知如何制作演示文稿的用户来说，可利用 PowerPoint 2010 提供的模板来进行创建，其方法与通过命令创建空白演示文稿的方法类似。启动 PowerPoint 2010，选择“文件”→“新建”命令，在“可用的模板和主题”栏中单击“样本模板”按钮 ，在打开的页面中选择所需的模板选项，单击“创建”按钮 ，如图 5-6 所示。返回 PowerPoint 2010 工作界面，即可看到新建的演示文稿效果，如图 5-7 所示。

图 5-6　选择样本模板　　　　　　　图 5-7　创建的演示文稿效果

3）使用 Office.com 上的模板创建演示文稿

如果 PowerPoint 中自带的模板不能满足用户的需要，可以使用 Office.com 上的模板来快速创建演示文稿。其方法是：选择“文件”→“新建”命令，在“Office.com 模板”栏中单击“PowerPoint 演示文稿和幻灯片”按钮 。在打开的页面中单击“商务”文件夹图标，然后选择需要的模板样式，单击“下载”按钮 ，在打开的“正在下载模板”对话框中将显示下载的进度，下载完成后，将自动根据下载的模板创建演示文稿。

5.2.2　演示文稿的保存和打开

1.　演示文稿的保存

PowerPoint 2010 提供了多种方式保存演示文稿。PPT 文件需要保存时，可选择“文件”→

"保存"命令保存原文件，也可通过"另存为"命令将原文件保存为一个新的文件或者副本。PowerPoint 2010 提供的 Web 支持功能，能轻易地将制作好的演示文稿保存为 Web 格式，直接在 Internet 上传播。

1）保存新建的演示文稿

- 选择"文件"→"保存"或"文件"→"另存为"命令。
- 在常用工具栏中单击 按钮。
- 按【Ctrl+S】组合键。

保存新建的演示文稿会弹出"另存为"对话框，如图 5-8 所示。在这个对话框里为演示文稿选择保存路径，在"文件名"下拉列表框里输入文件的名称，单击"保存"按钮。

图 5-8 "另存为"对话框

2）保存已有演示文稿

对一个旧的演示文稿进行编辑后，可以单击"保存"按钮将其以原文件名保存，也可以通过"另存为"命令将旧文稿以另外的文件名保存或者保存到其他磁盘。将已有演示文稿另存的操作步骤如下：

（1）选择"文件"→"另存为"命令或者按【F12】键，即可打开"另存为"对话框，如图 5-8 所示。

（2）在"另存为"对话框中确定保存位置，输入保存文件名及保存类型，单击"保存"按钮。

2. 演示文稿的打开

打开保存在计算机中的演示文稿通常有两种方法：

- 找到演示文稿在计算机中的保存位置，双击演示文稿缩略图即可打开演示文稿。
- 选择"文件"→"打开"命令（或者按【Ctrl+O】快捷键），或者单击快速访问工具栏中的"打开"按钮 ，即可弹出"打开"对话框，如图 5-9 所示。在"打开"对话框中的"查找范围"下拉列表框中选择所需的演示文稿的保存路径。选择要打开的文件，可以在"打开"对话框中预览演示文稿的首页效果，单击"打开"按钮，即可打开演示文稿。

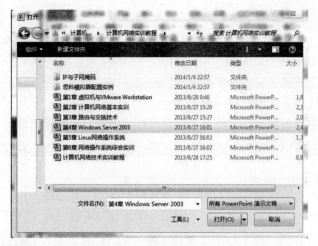

图 5-9 "打开"对话框

5.2.3 编辑演示文稿幻灯片

演示文稿是幻灯片的有序集合，建立演示文稿的过程就是制作一张张幻灯片的过程。

1. 新建一份空白演示文稿

默认情况下，启动 PowerPoint2010（其他版本与此相似）时，系统新建一份空白演示文稿，并新建一张幻灯片。可以通过下面三种方法在当前演示文稿中添加新的幻灯片：

- 快捷键法。按【Ctrl+M】组合键，即可快速添加一张空白幻灯片。
- 回车键法。在"普通视图"下，将光标定位在左侧的窗格中，然后按下【Enter】键（回车键），同样可以快速插入一张新的空白幻灯片。
- 命令法。选择"开始"→"新建幻灯片"命令，也可以新增一张空白幻灯片。

2. 输入文本

通常情况下，在演示文稿的幻灯片中添加文本字符时，需要通过占位符或者文本框来实现。图 5-10 所示是幻灯片中标题和文本的占位符。

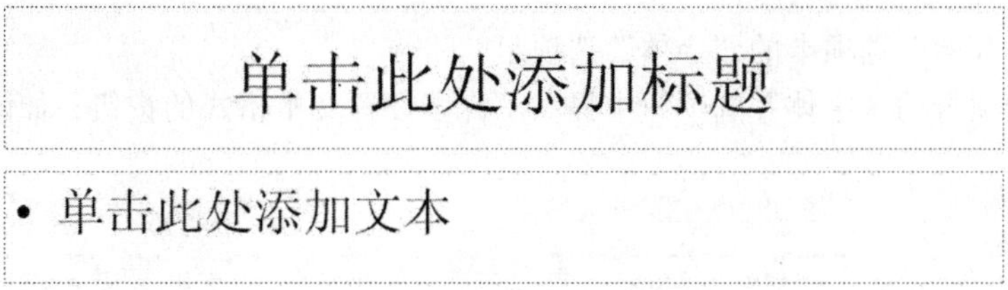

单击此处添加标题

- 单击此处添加文本

图 5-10 幻灯片中的占位符

1）使用占位符输入文本操作步骤如下：

（1）在占位符中的任意位置单击，此时插入点定位在占位符中。

（2）输入文本。

（3）在幻灯片空白处单击，即可完成文本的输入。

2）使用文本框输入文本

如果当前幻灯片中没有需要的占位符或者需要在占位符之外的位置输入文本，则可以使

第 5 章 演示文稿制作软件 PowerPoint 2010

用文本框进行输入，操作步骤如下：

（1）在"插入"选项卡中单击"文本框"按钮，在下拉列表中选择"水平（垂直）"选项，然后在幻灯片中拖动出一个文本框。

（2）将相应的字符输入文本框中。

（3）设置好字体、字号和字符颜色等。

（4）调整好文本框的大小，并将其定位在幻灯片中的合适位置上即可。

注意：还可以通过"开始"选项卡的"绘图"选项组中的相应按钮插入文本框。

3）直接输入文本

如果演示文稿中需要编辑大量文本，推荐使用直接输入文本的方法：

在"普通视图"下，将光标定在左窗格中，切换到"大纲"视图，然后直接输入文本字符。每输入完一个内容后，按【Enter】键，新建一张幻灯片，输入后面的内容。

注意：如果按下【Enter】键之后，仍然希望在原幻灯片中输入文本，则只要按一下【Tab】键即可。此时，如果想新增一张幻灯片，则在按【Enter】键后，再【Shift+Tab】组合键就可以了。

3. 幻灯片中文本的格式化

PowerPoint 2010 中的文本格式化包括对幻灯片中的文本进行字体、字形、字号、字符颜色、下画线、阴影、浮凸、上标和下标等的设置。设置文本的格式化方法通常有两种：一种是在"开始"选项卡中打开"字体"对话框，在对话框中进行设置；另一种是单击"开始"选项卡"字体"选项组中的相应按钮。

1）使用"字体"对话框

（1）选中需要设置格式的文字。

（2）选择"开始"选项卡，单击"字体"选项组中的 按钮，弹出如图 5-11 所示的"字体"对话框。

（3）设置字体、字形、字号、字体效果和颜色等。

（4）单击"确定"按钮即可。

2）使用"开始"选项卡的"字体"选项组

"开始"选项卡的"字体"选项组中提供了许多设置文本格式的按钮，如图 5-12 所示。

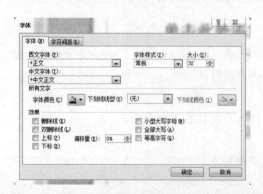

图 5-11 "字体"对话框

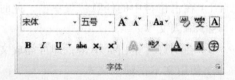

图 5-12 "字体"选项组

使用"开始"选项卡的"字体"选项组设置文本格式的操作步骤如下：

（1）选中要设置格式的文字。

（2）单击"字体"选项组中的相应按钮，使其呈按下状态即可。

（3）如果要取消已经设置好的格式，选中已设置好格式的文字，再次单击该按钮，使之呈弹起状态即可。

"开始"选项卡的"字体"功能区中的按钮并不全面，因此无法设置某些较为特殊的格式，例如不能设置上标、下标等格式，而要在"字体"对话框中设置。

4. 设置幻灯片文本的段落格式

在 PowerPoint 2010 中，段落是指带有回车符标记的文本，通过对文本的段落格式进行设置，可以使文本对象的版式更加整齐直观。文本的段落格式设置包括对齐方式、行距及段间距等。

1）文本对齐方式的设置

设置幻灯片文本的对齐方式的方法如下：

● 将光标定位到段落的任意位置，然后单击"开始"选项卡"段落"选项组右下角的 按钮，在弹出的"段落"对话框中选择一种对齐方式，如图 5-13 所示。

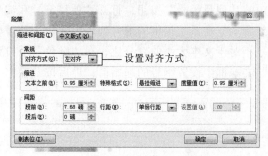

图 5-13 "段落"对话框

● 单击"开始"选项卡"段落"选项组中的相应按钮来设置段落的对齐方式。定位光标后，根据需要可以单击"段落"选项卡中的"左对齐""右对齐""居中对齐"和"分散对齐"等按钮，即可完成设置。

2）设置行距和段间距

段间距指的是段落和段落之间的距离，行距指的是一个段落中行与行之间的距离。更改段落之间的距离和各行之间的距离可以调整整个版面的效果，增强可读性。具体操作步骤如下：

（1）选中要设置段落间距和行距的文本。

（2）单击"开始"选项卡"段落"选项组右下角的 按钮，弹出"段落"对话框。

（3）在"行距"文本框中输入或通过微调按钮选择相应的数值。

（4）在"段前"和"段后"文本框中输入或使用微调按钮选择相应的数值。

（5）单击"确定"按钮，完成设置。

5. 插入项目符号和编号

在幻灯片中经常需要使用项目符号和编号，使用了项目符号和编号的文本结构显得更加富于层次感、更加清晰。通常在几个没有顺序要求的项目之间使用项目符号，编号则适用于

一组有顺序限制的项目中。

1）插入项目符号

在默认情况下，通过文本占位符输入的文本会自动添加项目符号，用户可以根据需要在"项目符号和编号"对话框中更改效果，可以给原文本中没有项目符号的行添加项目符号，操作步骤如下：

（1）选中需要设置项目符号的文本。

（2）单击"开始"选项卡"段落"选项组中的"项目符号"按钮，打开"项目符号和编号"对话框，如图 5-14 所示。

（3）在"项目符号"列表中选择一种样式，在"大小"文本框中选择或输入相对于文本大小的百分比，在"颜色"下拉列表框中选择项目符号的颜色。

（4）单击"确定"按钮，即可完成设置。

在"项目符号和编号"对话框中单击"图片"按钮或者"自定义"按钮则可以使用计算机中的图片文件或者自定义符号作为项目符号。

2）插入项目编号

设置编号和设置项目符号的步骤类似。首先选中要设置编号的段落，然后单击"开始"选项卡"段落"选项组中的"项目编号"按钮，打开"项目符号和编号"对话框，选择"编号"选项卡，如图 5-15 所示。在系统提供的编号列表中选择一种需要的样式，在"大小"文本框中选择或输入编号相对于文本大小的百分比，在"颜色"下拉列表框中为编号选择一种颜色，在"起始编号"文本框中设置编号的起始值，最后按"确定"按钮即可完成设置。

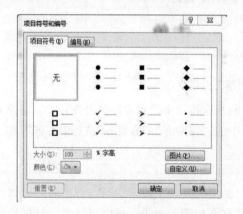

图 5-14　"项目符号和编号"对话框

图 5-15　"编号"选项卡

6. 插入图片

为了增强文稿的可视性，向演示文稿中添加图片是一项基本的操作，操作步骤如下：

（1）单击"插入"选项卡"图片"选项组中的"来自文件"按钮，弹出"插入图片"对话框。

（2）定位到需要插入图片所在的文件夹，选中相应的图片文件，然后单击"插入"按钮，将图片插入幻灯片中。

（3）用拖动的方法调整好图片的大小，并将其定位在幻灯片的合适位置上即可。

注意：定位图片位置时，按住【Ctrl】键，再按方向键，可以实现图片的微移，达到精确定位图片的目的。

7. 插入声音

为演示文稿配上声音，可以大大增强演示文稿的播放效果。

（1）单击"插入"选项卡"音频"选项组中的"文件中的音频"按钮，弹出"插入音频"对话框，如图 5-16 所示。

（2）定位到需要插入声音文件所在的文件夹，选中相应的声音文件，然后单击"确定"按钮。

（3）在随后弹出的提示框中，根据需要选择"自动"或"在单击时"按钮播放声音，即可将声音文件插入到当前幻灯片中。

注意：演示文稿支持 MP3、WMA、WAV、MID 等格式声音文件。插入音频文件后，会在幻灯片中显示出一个小喇叭形状图标，在幻灯片放映时，通常会显示在画面中，为了不影响播放效果，通常将该图标移到幻灯片边缘处。

8. 添加视频文件

可以将视频文件添加到演示文稿中，来增加演示文稿的播放效果。

（1）单击"插入"选项卡"视频"选项组中的"文件中的视频"按钮，打开"插入视频"对话框。

（2）定位到要插入视频文件所在的文件夹，选中相应的视频文件，然后单击"确定"按钮。

注意：演示文稿支持 AVI、WMV、MPG 等格式视频文件。

（3）在随后弹出的对话框中，根据需要选择"是"或"否"选项返回，即可将声音文件插入当前幻灯片中。

（4）调整视频播放窗口的大小，将其定位在幻灯片的合适位置上即可。

9. 插入 Flash 动画

要想将 Flash 动画添加到演示文稿中，操作步骤如下：

（1）选择"文件"→"选项"命令，弹出"Power Point 选项"对话框，在左窗格中选择"快速访问工具栏"选项，在"从下列位置选择命令"下拉列表框中选择"开发工具选项卡"选项，从下方的列表框中选择"控件"选项，单击"添加"按钮，将控件添加到快速启动工具栏，如图 5-17 所示。

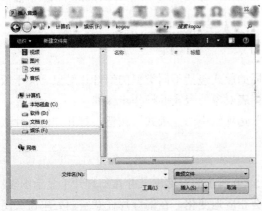
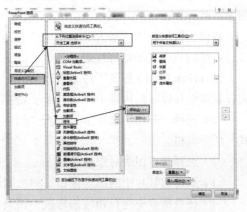

图 5-16　"插入音频"对话框　　　　图 5-17　"PowerPoint 选项"对话框

（2）单击快速启动工具栏上的"控件"按钮，选择"其他控件"选项，在随后弹出的下拉列表中选 Shockwave Flash Object 选项，然后在幻灯片中拖动出一个矩形框（此为播放窗口）。

（3）选中上述播放窗口，单击工具栏上的"属性"按钮，弹出"属性"对话框，在 Movie 文本框中输入需要插入的 Flash 动画文件名及完整路径，然后关闭属性窗口。

注意： 建议将 Flash 动画文件和演示文稿保存在同一文件夹中，这样只需要输入 Flash 动画文件名称，而不需要输入路径了。

调整好播放窗口的大小，将其定位到幻灯片合适位置上，即可播放 Flash 动画了。

10. 插入艺术字

Office 多个组件中都有艺术字功能，在演示文稿中插入艺术字可以大大提高演示文稿的放映效果。

（1）单击"插入"选项卡"文本"选项组中的"艺术字"按钮，打开"艺术字"列表，如图 5-18 所示。

（2）选中一种样式后，在当前幻灯片位置插入一个艺术字文本框，如图 5-19 所示 。

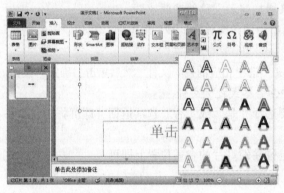
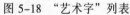

图 5-18　"艺术字"列表　　　　　　　　　　　　　　图 5-19　编辑艺术字

（3）输入艺术字字符后，设置好字体、字号等，按【Enter】键返回。

（4）调整好艺术字大小，并将其定位在合适的位置上即可。

11. 插入图表

在幻灯片中可以添加一些有说服力的图表和数据以加强效果。在 PowerPoint 2010 中插入图表有两种方法：

- 使用按钮单击"插入"选项卡"插图"选项组中的"插入图表"按钮。
- 使用有图表的幻灯片版式。

PowerPoint 2010 提供了许多自动版式，不同的版式包括不同类型的幻灯片对象。关于版式设置将会在以后的内容中详细介绍，设置有图表对象的版式的操作步骤如下：

（1）选择"开始"选项卡，单击"幻灯片"选项组中的"版式"按钮，打开"幻灯片版式"任务窗格。

（2）选择带有图表对象的版式。

（3）双击幻灯片中的图表按钮，弹出如图 5-20 所示的对话框，并在幻灯片上显示图表。

（4）在数据表中进行相应的修改，图表也会相应地变化。在幻灯片任意空白处单击关闭数据表，即可完成图表的插入。

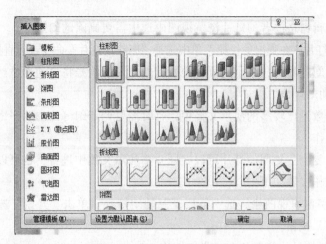

图 5-20 "插入图表"对话框

12. 插入公式

在制作一些专业技术性强的演示文稿时，常常要在幻灯片中添加一些复杂的公式，可以利用"公式编辑器"来制作。

（1）在"插入"选项卡"符号"选项组中单击"公式"按钮，弹出各类数学公式下拉列表格。

（2）在该任务窗格中选择所需的数学公式类型，进入"公式工具–设计"选项卡。

（3）利用"公式工具–设计"选项卡中的相应模板，即可制作出相应的公式。

（4）编辑完成后，返回幻灯片编辑状态，即可插入公式。

（5）调整好公式的大小，并将其定位在合适位置上即可。

5.2.4 演示文稿的编辑与美化

1. 演示文稿常见的编辑

一个演示文稿通常由很多张幻灯片组成，这就需要对其中的每一张幻灯片进行编辑与美化。幻灯片的编辑包括插入幻灯片、删除幻灯片、复制和移动幻灯片等操作，下面依次介绍它们的操作方法。

1）插入幻灯片

在制作演示文稿的时候，用户可以根据需要随时在演示文稿中插入新的幻灯片，具体操作步骤如下：

（1）在大纲编辑窗格或者幻灯片浏览视图中使用鼠标或者按【PageUp】键或【PageDown】键选中一张幻灯片，新插入的幻灯片将位于该幻灯片的下方。

（2）单击"开始"选项卡中的"新幻灯片"按钮或者按【Ctrl+M】组合键。

注意：学习者需理解演示文稿和幻灯片的区别。有些学习者混淆了演示文稿和幻灯片的概念，经常在一张幻灯片编辑完成后需要插入新的幻灯片时，直接单击快速访问工具栏中的"新建"按钮，这样新建的是演示文稿而非新幻灯片。

2）删除幻灯片

在演示文稿中删除幻灯片的方法非常简单，具体操作步骤如下：

（1）在大纲编辑窗格或者幻灯片浏览视图中选中需要删除的幻灯片。

（2）右击该幻灯片，在弹出的快捷菜单中选择"删除幻灯片"命令或者直接按【Delete】键。

在插入或删除幻灯片后，演示文稿中的所有幻灯片的编号将自动调整。

3）复制或移动幻灯片

在编辑幻灯片数量比较多的演示文稿中，有时需要调节幻灯片的顺序，这就要用到幻灯片的复制和移动操作。

（1）幻灯片的复制：复制幻灯片可以在同一个演示文稿中进行，也可以在不同的演示文稿中进行，具体操作步骤如下：

① 在演示文稿普通视图中，选中需要复制的幻灯片。单击"开始"选项卡"剪贴板"选项组中的"复制"按钮。

② 选中复制到的目的位置的上一张幻灯片。

③ 单击"剪贴板"选项组中的"粘贴"命令或者单击该中的"粘贴"按钮。

也可以使用鼠标拖动的方式完成幻灯片的复制。在拖动之前需要按住【Ctrl】键，到达目标位置时，先释放鼠标，释放【Ctrl】键，即可完成复制。

（2）幻灯片的移动：与复制幻灯片的操作相似，可以在同一个演示文稿中，也可以在不同的演示文稿中进行移动操作。具体操作步骤如下：

① 在演示文稿普通视图中，选中要移动的幻灯片。选择"开始"选项卡"剪贴板"选项组中的"剪切"命令。

② 选中移动到的目的位置的上一张幻灯片。

③ 选择"剪贴板"选项组中的"粘贴"命令或者单击该选项组中的"粘贴"按钮。

选中需要移动的幻灯片，同时按住鼠标拖动也可以移动幻灯片，到达目标位置时松开鼠标即可。

为了便于正确、快速地放置幻灯片，可以在幻灯片浏览视图中进行幻灯片的复制和移动操作。

2．演示文稿的美化

1）使用幻灯片母版

如果用户要使演示文稿中每一张幻灯片的排版都是统一的，可以使用幻灯片母版。幻灯片母版记录了演示文稿中所有幻灯片的布局信息，包括幻灯片中标题和文本的格式及类型、颜色、放置位置、图形和背景等。在 PowerPoint 2010 中可以通过修改母版的格式来修改所有基于此母版建立的演示文稿中幻灯片的外观和格式，但不会修改幻灯片中文本的内容。

在幻灯片母版中可以更改的元素包括：母版中的背景图片，各对象的位置，标题的字体、字形与字号等。设置母版的操作步骤如下：

（1）单击"视图"选项卡中的"幻灯片母版"按钮，打开"幻灯片母版"选项卡，如图 5-21 所示。

（2）单击需要更改部分的占位符，可以改变它的位置或格式等。

（3）在各个区域设置或输入相应的内容，单击"幻灯片母版"选项卡中的"关闭母版试图"按钮，即可完成幻灯片母版的设置并回到普通视图。

图 5-21　设置"幻灯片母版"格式

用户还可以对演示文稿的标题幻灯片母版进行设置。标题母版不但能够控制标题幻灯片的格式，还可以控制其他指定为标题幻灯片的幻灯片。标题母版和幻灯片母版共同决定了整个演示文稿的外观。在大纲编辑窗格中单击"标题母版"的缩略图，即可在编辑窗口中对标题幻灯片的母版进行设置。

2）设置幻灯片版式

版式是幻灯片上的内容的排版方式。PowerPoint 2010 中的幻灯片可以有多种版式，分别为文字版式、内容版式、文字和内容版式及其他版式。设置版式的操作步骤如下：

（1）选中需要设置版式的幻灯片。

（2）选择"开始"选项卡中的"版式"命令，弹出"版式"下拉列表。

（3）单击任务窗格中任一种版式，即可将该版式应用于演示文稿。若只需将该版式应用于当前幻灯片，则单击版式右端的下拉按钮，在弹出的下拉列表中选择"应用于选定的幻灯片"选项即可，如图 5-22 所示。

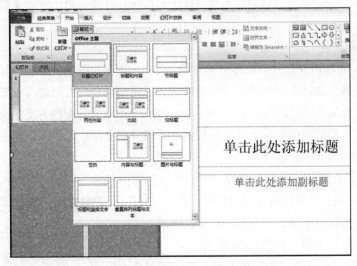

图 5-22　"版式"下拉列表

3）应用设计模板

PowerPoint 2010 预置了许多幻灯片的设计模板。设置模板决定了幻灯片的主要外观，包括背景、配色方案和背景图片等。使用设计模板可以将演示文稿中的幻灯片相应部分的格式设置成模板中的格式，但不会对幻灯片中的文字内容做任何更改。

应用设计模板的具体操作步骤如下：

（1）在演示文稿中选中任意一张幻灯片。

（2）选择"设计"选项卡"主题"选项组中所需的主题样式，即可将其应用于演示文稿中的所有幻灯片。

（3）在"主题"列表中单击所需的模板，则模板会自动应用于演示文稿中的每一张幻灯片。

（4）如果需要更改当前幻灯片的模板，则可以右击模板，在弹出的快捷菜单中选择"应用于所选幻灯片"命令，如图5-23所示。

图 5-23　幻灯片主题设计

（5）任务窗格预览框中所列的模板数量有限，可以单击任务窗格右下角的 ▼ 按钮，展开"所有主题"任务窗格，选择合适的模板后，选中的模板会自动应用于演示文稿中的每一张幻灯片。

4）设置配色方案

在 PowerPoint 2010 中，对幻灯片中的背景、文本和线条、阴影、标题文本、填充、强调、强调文字和超链接、强调文字和已访问的超链接等项目的颜色均可以进行设置，对这些项目的设置称为配色方案。用户既可以使用 PowerPoint 2010 中预置的配色方案，也可以通过编辑配色方案来自定义幻灯片中的各个项目的颜色。下面分别介绍应用标准配色方案和编辑配色方案的具体操作步骤：

（1）应用标准配色方案的操作步骤如下：

① 在演示文稿中选中任意一张幻灯片。在"设计"选项卡"主题"选项组中单击"颜色"按钮，则展开系统定义好的"颜色"主题，如图5-24所示。

② 在预览窗口中选择一种配色方案，单击即可应用到演示文稿中。

③ 如果需要在当前幻灯片中使用配色方案，可以右击配色方案，在弹出的快捷菜单中选择"应用于所选幻灯片"命令，结果如图5-25所示。

（2）如果用户不满意系统默认的标准配色方案，可以自行编辑配色方案，具体操作步骤如下：

图 5-24　系统配色方案

① 选中需要编辑配色方案的幻灯片。

② 单击"颜色"任务窗格中最下方的"新建主题颜色"选项，弹出"新建主题颜色"对话框，如图 5-26 所示。

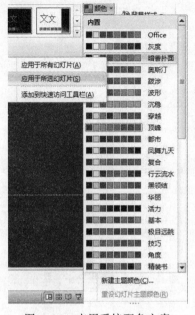

图 5-25　应用系统配色方案　　　　　　图 5-26　"新建主题颜色"对话框

③ 在需要修改的项目后的颜色上单击，在弹出的颜色编辑框中选择或者编辑一种颜色。

④ 单击"确定"按钮即可完成当前方案的颜色设置。

5.3　演示文稿播放效果设置

在播放时幻灯片，可以通过设置丰富多彩的播放效果来吸引观众的注意力。PowerPoint 2010 中的播放效果有自定义动画、切换效果、超链接和放映方式等，下面分别来介绍这几种播放效果的设置方法。

5.3.1　添加动画效果

在 PowerPoint 2010 的幻灯片中，可以对其中的文本、声音、图形、图像和其他对象自定义动画效果。动画用于为文本或其他对象添加视觉或者声音效果。

1）给幻灯片中某一对象添加动画效果

具体操作步骤如下：

（1）选中幻灯片中需要设置动画效果的对象，如文本或图形。

（2）选择"动画"选项卡，如图 5-27 所示。

（3）在"高级动画"选项组中，单击"添加动画"按钮，在下拉列表中选择需要的效果。

（4）在任务窗格中设置动画的播放方式，如开始方式、动画速度等。

（5）在任务窗格最右方的"对动画重新排序"栏中，可以通过"向前移动""向后移动"来改变其播放的顺序。

（6）对于不需要的动画效果，可以在任务窗格中将其选中，然后单击"动画"选项组中的"无"按钮即可删除。

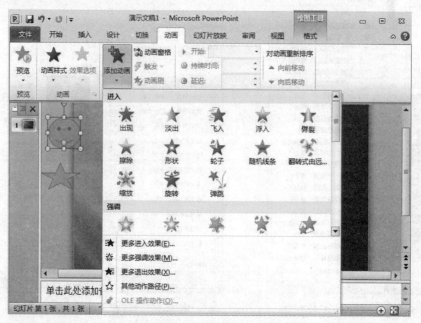

图 5-27　添加自定义动画

2）修改已经添加的动画效果

具体操作步骤如下：

（1）选中需要修改动画效果的幻灯片。

（2）单击选择"动画"选项卡，在"动画"下拉列表中，单击任意一种动画效果，即可将新的动画效果运用于所选对象，该对象之前的动画效果被新的动画效果所覆盖。设置自定义动画时，"添加动画"下拉列表中所列的动画效果有限，用户可以在下拉列表中选择"更多进入效果""更多强调效果""更多退出效果"选项，在弹出的对话框中选择其他的一些效果或者自己绘制幻灯片中对象的动画方案。

5.3.2　设置幻灯片的切换效果与创建超链接

1. 设置幻灯片的切换效果

在 PowerPoint 2010 中，不仅可以设置幻灯片中各个对象的动画效果，还可以设置幻灯片之间的切换效果。即一张幻灯片放映到另一张幻灯片时，采用不同的效果进行切换。设置幻灯片切换效果的具体操作步骤如下。

（1）选中需要设置切换效果的幻灯片。

（2）选择"切换"选项卡，在"切换到此幻灯片"选项组的下拉列表单击选择任意一种切换效果，即可将该切换效果运用于所选对象，如图 5-28 所示。

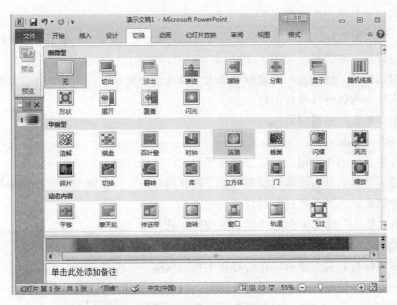

图 5-28　设置幻灯片切换效果

（3）在"计时"选项组中选择换片方式和声音效果。

（4）完成设置后，在幻灯片的左下角添加了动画图标。

设置完毕后，如果需要将演示文稿中的所有幻灯片都设置为同样的效果，可以先全选演示文稿中的所有幻灯片，在"幻灯片切换"任务窗格中单击任意一种切换方式即可。

2. 创建超链接和动作按钮

在通常情况下，演示文稿中的幻灯片是按照编辑时的先后顺序依次放映的。在实际应用中，可以根据实际需要实现演示文稿的跳转播放，这就要使用超链接或动作按钮来实现。

1）创建超链接

在 PowerPoint 2010 中可以给以下对象插入超链接，包括演示文稿中的幻灯片、计算机中的文件、某个程序、网络上某个可以访问的网页。超链接分为两部分：一是超链接的源部分，二是超链接的目标部分，通常可以单击链接源跳转到链接目标部分，如图 5-29 所示。

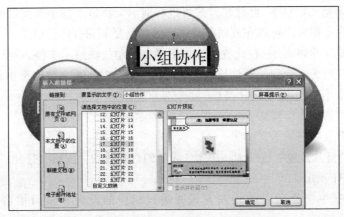

图 5-29　"插入超链接"对话框

设置超链接的具体操作步骤如下：

（1）选中要添加超链接的文本"小组协作"，在"插入"选项卡中单击"超链接"按钮，弹出"插入超链接"对话框，如图 5-29 所示。

（2）在对话框的"链接到"列表框中单击"本文档中的位置"按钮，在"请选择文档中的位置"列表框中选择链接目标幻灯片。

（3）单击"确定"按钮即可插入超链接。

2）添加动作按钮

在幻灯片中插入动作按钮，可以方便地控制幻灯片的放映。单击相应的按钮，可以实现幻灯片的前进、后退到开头或者到结尾等。下面介绍在幻灯片中添加动作按钮的操作步骤：

（1）选中需要加入动作按钮的幻灯片。

（2）单击"插入"选项卡中的"形状"按钮，选择合适的形状绘制动作按钮。

（3）此时鼠标指针为十字形，在幻灯片中拖动鼠标即可绘制出一个动作按钮。

（4）单击"插入"选项卡中的"动作"按钮，弹出"动作设置"对话框，如图 5-30 所示。

（5）在对话框中的"单击鼠标"和"鼠标移过"选项卡中进行相应的设置。

（6）单击"确定"按钮，完成动作按钮的添加。

3）设置演示文稿的放映方式

制作演示文稿的最终目的是放映幻灯片。针对不同的使用场合往往需要设置不同的放映方式，放映方式设置得好也能增强演示效果。

图 5-30 "动作设置"对话框

在 PowerPoint 2010 中，用户可以根据需要设置三种幻灯片放映方式，下面简单介绍这三种放映方式：

- 演讲者放映（全屏幕）：在这种放映方式下可以全屏幕显示演示文稿，通常用于演讲者亲自播放演示文稿，演讲者可以全程控制幻灯片的放映过程。
- 观众自行浏览（窗口）：此放映方式可以将演示文稿显示在小型窗口里，并且提供相应的操作命令使用户可以在放映时移动、编辑、复制和打印幻灯片。
- 在展台展览（全屏幕）：在此放映方式下可以自动放映演示文稿，可以在展览会场等重要位置运行无人管理的幻灯片放映时使用。运行时，大多数的菜单和命令不可用，用户可以按【Esc】键退出放映。

设置放映方式的操作步骤如下：

（1）打开需要放映的演示文稿。

（2）选择"幻灯片放映"选项卡，单击"设置幻灯片放映"按钮，打开"设置放映方式"对话框，如图 5-31 所示。

（3）在对话框中选择所需的放映方式并进行相应的设置，最后单击"确定"按钮即可。

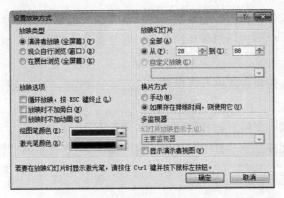

图 5-31 "设置放映方式"对话框

5.4 演示文稿的演示与打印

5.4.1 播放演示文稿

将演示文稿切换到放映状态可以有以下几种方法：

- 选择"幻灯片放映"选项卡，单击"从头开始"按钮。
- 按【F5】键。
- 选择"幻灯片放映"选项卡，单击"从当前幻灯片开始"按钮。
- 单击视图切换按钮中的"幻灯片放映"按钮。
- 按【Shift+F5】组合键。

在以上几种方法中，前面两种方法均是从演示文稿的第一张幻灯片开始放映，而后三种方法则是从当前正在编辑的幻灯片开始放映。

5.4.2 演示文稿的打印

打印演示文稿前往往需要对其进行页面设置，然后才能进行打印。

1. 设置演示文稿的页面

对演示文稿进行页面设置包括纸张大小、幻灯片打印方向和起始序号等设置，具体操作步骤如下：

（1）选择"设计"选项卡，单击"页面设置"按钮，弹出"页面设置"对话框，如图 5-32 所示。

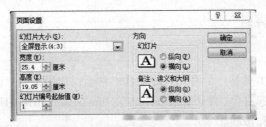

图 5-32 "页面设置"对话框

（2）在"幻灯片大小"下拉列表框中选择一种纸型。也可以根据需要选择"自定义大小"选项，然后输入打印页的宽度和高度。

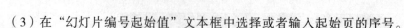

（3）在"幻灯片编号起始值"文本框中选择或者输入起始页的序号。

（4）在"幻灯片"栏中选择幻灯片的方向，在"备注、讲义和大纲"栏中选择备注、讲义和大纲的方向。

（5）单击"确定"按钮，完成页面设置。

2. 打印演示文稿

将设置好页面的演示文稿进行打印的具体步骤如下：

（1）单击选择"文件"→"打印"选项，打开如图 5-33 所示的"打印"窗口。

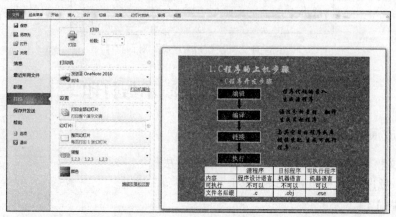

图 5-33　"打印"窗口

（2）在"打印机"栏中选择打印机名称。

（3）根据提示，设置打印范围。

（4）在"打印全部幻灯片"下拉列表框中选择"打印所选幻灯片"，也可以选择"打印当前幻灯片""自定义范围"选项。

（5）在"颜色"下拉列表框中选择打印的颜色选项，可以选择"颜色""灰度"或者"纯黑白"选项。

（6）在"份数"文本框中选择或者输入打印的份数。

（7）通过在"整页幻灯片"下拉列表框中进行设置，确定一张纸上打印多少张幻灯片。如果选中"幻灯片加框"复选框，则在打印每张幻灯片时在其周围添加一个边框。

（8）可在"打印"任务窗格右侧预览幻灯片设置效果，然后单击"打印"按钮，即可开始打印幻灯片。

5.4.3　演示文稿的打包

1. 打包演示文稿

演示文稿"打包"工具是一个很有效的工具，它不仅使用方便，而且也极为可靠。如果将播放器和演示文稿一起打包，就可以在没有安装 PowerPoint 2010 的计算机上播放此演示文稿。打包演示文稿的操作步骤如下：

（1）打开要打包的演示文稿。

（2）选择"文件"→"保存并发送"命令，在弹出的子菜单中选择"将演示文稿打包成CD"命令，单击右窗格的"打包成 CD"按钮，弹出如图 5-34 所示的"打包成 CD"向导对话框。

（3）在对话框中单击"选项"按钮，弹出如图 5-35 所示的"选项"对话框。

如果在打包的演示文稿中使用了 TrueType 字体，则选中"嵌入的 TrueType 字体"复选框，单击"确定"按钮，返回图 5-34 所示的对话框。

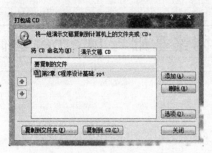

图 5-34　"打包成 CD"对话框

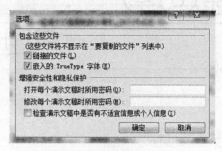

图 5-35　"选项"对话框

（4）若计算机配有刻录机，则单击"复制到 CD"按钮，否则单击"复制到文件夹"按钮，弹出如图 5-36 所示的"复制到文件夹"对话框。

（5）单击"浏览"按钮，弹出如图 5-37 所示的"选择位置"对话框。在对话框中选择存放的位置，然后单击"选择"按钮，程序开始打包，打包工作完成后，返回图 5-34 所示的对话框。

（6）单击"关闭"按钮，退出打包程序。

2.　解开演示文稿包

已打包的演示文稿在异地计算机上必须解开压缩（解包）方能进行演示放映，其操作步骤如下：

（1）插入存放演示文稿的 U 盘。

（2）使用"Windows 资源管理器"定位到 U 盘所在的驱动器，然后双击 U 盘中的Pngsetup.exe，弹出"打包安装程序"对话框。

（3）在"打包安装程序"对话框中选择存放解压缩演示文稿的位置，可以选择系统中的任意一个硬盘区。

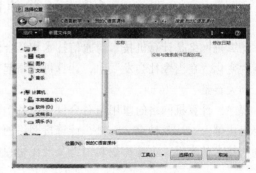

图 5-36　"复制到文件夹"对话框　　　　　图 5-37　"选择位置"对话框

（4）单击"确定"按钮。如果用户指定的文件夹中存在同名的文档，那么解开压缩后的演示文稿将会覆盖原来的同名文档。

（5）系统完成解压缩后，弹出询问对话框。

（6）单击"是"按钮，系统开始播放演示文稿。

存放在计算机中已展开的演示文稿，随时都可使用 PowerPoint 播放器（Ppview32.exe）播放。

第6章

➡ 计算机网络基础与 Internet 基础

 学习目标

- 掌握计算机网络的基本概念。
- 掌握 Internet 的基本概念。
- 掌握 IE 浏览器的使用方法。
- 掌握搜索引擎的使用方法。

计算机技术是人类文明发展史中最伟大的发明之一，它的产生标志着人类文明步入一个崭新的信息社会。随着计算机技术的发展，计算机网络技术也经历了从无到有的发展过程。20 世纪 60 年代，计算机网络只是具备了基本雏形，直到 90 年代，随着 Internet 的普及，基于计算机技术、通信技术和信息技术的计算机网络技术才得以高速发展。时至今日，计算机网络技术已经应用到科研、教育、商业及企业等不同行业中，对社会发展的各个领域产生了广泛而深远的影响。

计算机网络基础知识是当代大学生必须了解和掌握的计算机基础知识。本章对计算机网络基础知识作一概略介绍，重点介绍 Internet 的入门知识。

6.1 计算机网络概述

计算机网络是计算机技术与通信技术相结合的产物，它的诞生使计算机的体系结构发生了巨大变化。在当今社会发展中，计算机网络起着非常重要的作用，并对人类社会的进步做出了巨大贡献。

现在，计算机网络的应用遍布全世界及各个领域，并已成为人类社会生活中不可或缺的重要组成部分。从某种意义上讲，计算机网络的发展水平不仅反映了一个国家的计算机技术和通信技术的水平，也是衡量其国力及现代化程度的重要标志之一。

6.1.1 计算机网络的基本概念

1. 计算机网络的定义

计算机网络是指将地理位置不同的具有独立功能的多台计算机及其外围设备，通过通信线路连接起来，连接介质可以是电缆、双绞线、光纤、微波、载波或通信卫星，在网络操作系统、网络管理软件及网络通信协议的管理和协调下，实现资源共享和信息传递的计算机系统。通俗地讲就是由多台计算机（或其他计算机网络设备）通过传输介质和软件的物理（或

逻辑）连接组成在一起的。总体来说，计算机网络的组成包括：计算机、网络操作系统、传输介质（可以是有形的，也可以是无形的，如无线网络的传输介质就是看不见的电磁波），以及相应的应用软件四部分。

由多台计算机组成的计算机网络系统模型如图 6-1 所示。

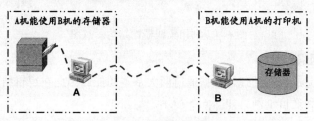

图 6-1   计算机互连网络系统基本模型

2. 计算机网络的形成和发展

计算机网络从 20 世纪 60 年代开始发展至今，经历了从简单到复杂、从单机到多机、由终端与计算机之间的通信演变到计算机与计算机之间的直接通信。

3. 远程联机阶段

为了共享主机资源、信息采集及综合处理，用一台计算机与多台用户终端相连，用户通过终端命令以交互方式使用计算机，人们把它称为远程联机系统。

（1）前端处理机结构：前端处理机（FEP）用来专门负责通信工作，实现数据处理与通信控制的分工，发挥了中心计算机的数据处理能力。利用前端处理机的结构如图 6-2 所示。

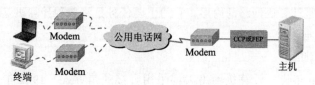

图 6-2   利用前端处理机的结构示意图

（2）调制解调器：由于计算机和远程终端发出的信号都是数字信号，而公用电话线路只能传输模拟信号，所以在发送端必须把计算机或远程终端发出的数字信号转换成可在电话线上传送的模拟信号，在接收端将模拟信号转换成数字信号。利用调制解调器的结构如图 6-3 所示。

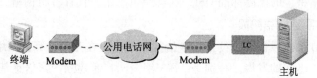

图 6-3   利用调制解调器的结构示意图

（3）集线器结构：把终端发来的信息收集起来，并把用户的作业信息存入集线器中，然后再用高速线路将数据信息传给前端处理机，最后提交给主机，如图 6-4 所示。

远程联机系统的特点是系统中只有一个计算机处理中心，各终端通过通信线路共享主计算机的硬件和软件资源，因此，主计算机负担过重，终端独占线路，资源利用率低。

第6章　计算机网络基础与 Internet 基础

图 6-4　利用集线器的结构示意图

4. 多机互联网络阶段

计算机网络要完成数据处理与数据通信两大基本功能，因此在逻辑结构上可以将其分成两部分：资源子网和通信子网，如图 6-5 所示。

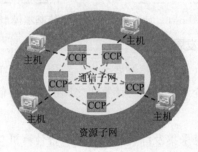

图 6-5　资源子网和通信子网示意图

（1）资源子网是计算机网络的外层，它由提供资源的主机和请求资源的终端组成。资源子网的任务是负责全网的信息处理。

（2）通信子网是计算机网络的内层，它的主要任务是将各种计算机互连起来完成数据传输、交换和通信处理。

5. 标准化网络阶段

（1）20 世纪 60 年代，计算机网络大都采用直接通信方式。1962 年后，以太网 LAN、MAN、WAN 迅速发展，各个计算机生产商纷纷发展各自的网络系统，制定自己的网络技术标准。

（2）1964 年，IBM 公司公布了它研制的系统网络体系结构；随后，DGE 公司宣布了自己的数字网络体系结构；1966 年，UNIVAC 宣布了该公司的分布式通信体系结构。

（3）ISO 于 1966 年成立了专门的机构来研究该问题，并且在 1984 年正式颁布了"开放系统互连基本参考模型"的国际标准 OSI，这就产生了第三代计算机网络。

6. 网络互连与高速网络阶段

进入 20 世纪 90 年代，计算机技术、通信技术及建立在互联计算机网络技术基础上的计算机网络技术得到了迅猛的发展。特别是 1993 年美国宣布建立国家信息基础设施（National Information Infrastructure，NII）后，全世界许多国家纷纷制定和建立本国的 NII，从而极大地推动了计算机网络技术的发展，使计算机网络进入一个崭新的阶段，这就是计算机网络互联与高速网络阶段（见图 6-6）。

目前，全球以 Internet 为核心的高速计算机互连网络已经形成，Internet 已经成为人类最重要的、最大的知识宝库。网络互连和高速计算机网络就成为第四代计算机网络。

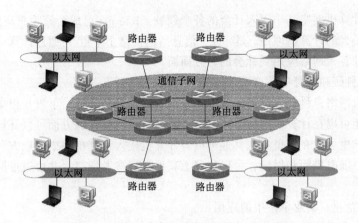

图 6-6 现代计算机网络逻辑结构示意图

6.1.2 计算机网络的主要功能与应用

计算机网络具有共享硬件、软件和数据资源的功能，具有对共享数据资源集中处理及管理和维护的能力。不同环境中计算机网络应用的侧重点不同，表现出来的主要功能也有差别，但总体来说，网络具备以下最基本的功能。

1. 资源共享

实现资源共享是组建计算机网络的最初目的，也是计算机网络飞速发展的主要动力。早期计算机硬件设备十分昂贵，软件资源十分缺乏，为了使更多的人有机会利用计算机进行工作，人们开始考虑设备连接公用的问题。美国是最早鼓励科研院所联网共享计算机资源的国家，因特网就是从那个时候开始起步的。后来计算机的硬件价格下降，促使网络飞速延伸，网络中的信息也逐渐丰富，人们共享的内容有了实质性的变化，从早期的硬件设备共享过渡到信息共享。现在网络中有许多存放各种信息的数据库，完全能满足信息社会人类的信息需求。可将资源共享细分为：

（1）硬件资源共享：包括各种类型的计算机、大容量存储设备、计算机外围设备，如彩色打印机、静电绘图仪等。

（2）软件资源共享：包括各种应用软件、工具软件、系统开发所用的支撑软件、语言处理程序、数据库管理系统等。

（3）数据资源共享：包括数据库文件、数据库、办公文档资料、企业生产报表等。

（4）信道资源共享：通信信道可以理解为电信号的传输介质。通信信道的共享是计算机网络中最重要的共享资源之一。

2. 网络通信

通信通道可以传输各种类型的信息，包括数据信息和图形、图像、声音、视频流等各种多媒体信息。

3. 分布处理

分布处理把要处理的任务分散到各个计算机上运行，而不是集中在一台大型计算机上。这样，不仅可以降低软件设计的复杂性，而且还可以大大提高工作效率和降低成本。

随着现代信息社会进程的推进及通信和计算机技术的迅猛发展，计算机网络的应用越来

越普及。如今计算机网络几乎深入社会的各个领域。Internet 已成为家喻户晓的计算机网络，它也是世界上最大的计算机网络，是一条"信息高速公路主干道"。通过计算机网络提供的服务，人们可将计算机网络应用到社会的方方面面。

1）网络在科研和教育中的应用

通过计算机网络，科技人员可以在网上查询各种文献和资料，可以互相交流学会和交换实验资料，甚至可以在计算机上进行国际合作研究项目。在教育方面可以开设网上学校，实现远程授课，学生可以在家里或在其他可以将计算机接入计算机网络的地方利用多媒体交互功能听课，可以随时提问和讨论，可以从网上获得学习参考资料，并可通过网络交付作业和参加考试。

2）网络在企业、事业单位中的应用

计算机网络可以使事业单位和公司内部实现办公自动化，做到各种软/硬件资源共享。而且，如果将网络接入 Internet，还可以实现异地办公。例如，通过 WWW 或电子邮件，企业可以很方便地与分布在不同地区的下属企业或其他业务单位建立联系，不仅能够及时地交换信息，而且实现了无纸化办公。在外地的员工通过网络还可以与所属企业保持联络，得到指示和帮助，从而提高了企业工作效率。同时，企业可以通 Internet 收集市场信息并发布企业产品信息，取得良好的宣传和经济效益。

3）网络在商业上的应用

随着计算机网络的广泛应用，电子数据交换已成为国际贸易往来的一个重要手段。它以一种被认可的数据格式，使分布在全球各地的贸易伙伴可以通过计算机传送各种贸易单据，代替了传统的纸制贸易单据，节省了大量的人力和物力，提高了效率。例如，网上商城，国内知名的电商企业京东网和淘宝网，通过多年的发展，网上购物、网上付款的消费方式已经成为人们未来的潮流趋势。

4）网络在通信与娱乐方面的应用

20 世纪个人之间通信的基本工具主要是电话，21 世纪个人之间的通信的基本工具主要是计算机网络。计算机网络所提供的通信服务包括电子邮件、网络寻呼、网络新闻和 IP 电话等。目前，电子邮件已广泛应用，初期的电子邮件只能传送文本文件，而现在已经可以传输语音与图像文件。Internet 上存在着很多新闻组，参加新闻组的人可以在网上对某个感兴趣的问题进行讨论，或是阅读有关这方面的资料，这是计算机网络应用中很受欢迎的一种通信方式。网络寻呼不但可以实现在网络中进行寻呼的功能，还可以在网友之间进行网络聊天和文件传输等。IP 电话也是基于计算机网络的一种典型的个人通信服务。

6.1.3　计算机网络的组成

一个完整的计算机网络系统是由网络硬件和网络软件所组成的。网络硬件是计算机网络系统的物理实现，网络软件是网络系统中的技术支持。两者相互作用，共同实现网络功能。

1. 计算机网络的硬件组成

计算机网络硬件系统是由计算机（主机、客户机、终端）、通信处理机（集线器、交换机、路由器）、通信线路（同轴电缆、双绞线、光纤）、信息转换设备（Modem，编码解码器）等构成的，如图 6-7 所示。

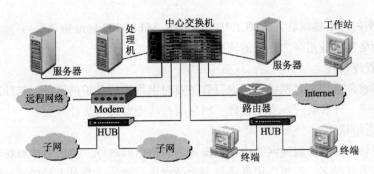

图 6-7　网络硬件组成示意图

1）主计算机

在一般的局域网中，主机通常被称为服务器，是为客户提供各种服务的计算机，因此对其有一定的技术指标要求，特别是主、辅存储容量及其处理速度要求较高。根据服务器在网络中所提供的服务不同，可将其划分为文件服务器、打印服务器、通信服务器等。

2）网络工作站

除服务器外，网络上的其余计算机主要是通过执行应用程序来完成工作任务的，我们把这种计算机称为网络工作站或网络客户机，它是网络数据主要的发生场所和使用场所，用户主要是通过使用工作站来利用网络资源并完成自己的任务的。

3）网络终端

网络终端是用户访问网络的界面，它可以通过主机连入网内，也可以通过通信控制处理机连入网内。

4）通信处理机

通信处理机一方面作为资源子网的主机、终端连接的接口，将主机和终端连入网内；另一方面它又作为通信子网中分组存储转发结点，完成分组的接收、校验、存储和转发等功能。

5）通信线路

通信线路（链路）是为通信处理机与通信处理机、通信处理机与主机之间提供的通信信道。

6）信息转换设备

信息转换设备对信号进行转换，包括：调制解调器、无线通信接收和发送器、用于光纤通信的编码/解码器等。

2. 计算机网络软件

在计算机网络系统中，除了各种网络硬件设备外，还必须有网络软件。常见的网络软件有如下几种。

1）网络操作系统

网络操作系统是网络软件中最主要的软件，用于实现不同主机之间的用户通信及全网硬件和软件资源的共享，并向用户提供统一的、方便的网络接口，便于用户使用网络。目前网络操作系统有三大阵营：UNIX、Linux 和 Windows。我国应用较为广泛的是 Windows 网络操作系统。

2）网络协议软件

网络协议是网络通信的数据传输规范，网络协议软件是用于实现网络协议功能的软件。

第 6 章　计算机网络基础与 Internet 基础

目前,典型的网络协议软件有 TCP/IP、IPX/SPX、IEEE 802 标准协议系列等。其中，TCP/IP 是当前异种网络互连应用最为广泛的网络协议软件。

3）网络管理软件

网络管理软件是用来对网络资源进行管理及对网络进行维护的软件，如性能管理、配置管理、故障管理、计费管理、安全管理、网络运行状态监视与统计等。

4）网络通信软件

网络通信软件是用于实现网络中各种设备之间通信的软件，使用户能够在不必详细了解通信控制规程的情况下，控制应用程序与多个站点进行通信，并对大量的通信数据进行加工和管理。

5）网络应用软件

网络应用软件为网络用户提供服务，最重要的特征是它研究的重点不是网络中各个独立的计算机本身的功能，而是如何实现网络特有的功能。

6.1.4　计算机网络的分类

计算机网络的分类方式有很多种，可以按地理范围、拓扑结构和传输介质等分类。

1. 按网络覆盖的范围分类

根据计算机网络的覆盖范围可以将其分为局域网、城域网、广域网。

1）局域网

局部区域网络（Local Area Network，LAN）通常简称局域网。局域网是结构复杂程度最低的计算机网络，仅是在同一地点上经网络连在一起的一组计算机。局域网通常距离很近，它是目前应用最广泛的一类网络。通常将具有如下特征的网络称为局域网。

（1）网络所覆盖的地理范围比较小。通常不超过几十千米，甚至只在一幢建筑或一个房间内。

（2）信息的传输速率比较高,其范围为1~10 Mbit/s,近来已达到 100 Mbit/s,甚至 1 000Mbit/s。而广域网运行时的传输率一般为 2 400 bit/s、9 600 bit/s 或者 38.4 kbit/s、56.64 kbit/s。专用线路也只能达到 1.544 Mbit/s。

（3）网络的经营权和管理权属于某个单位。

2）城域网

城域网（Metropolitan Area Network，MAN）通常是指覆盖一个地区或城市的网络，这种网络的连接距离可以在几十到几百千米范围内，它采用的是 IEEE 802.6 标准。相对局域网来说，它在网络的覆盖面积上有了扩展，而且连接的计算机数量相对更多，属于局域网的一种延伸。一个 MAN 网络通常连接着多个 LAN 网。城域网多采用 ATM 技术作为骨干网，并多采用光纤接入。因此城域网具有速度快和成本高的特点。

3）广域网

广域网（Wide Area Network，WAN）是影响广泛的复杂网络系统。WAN 由两个以上的 LAN 构成,这些 LAN 间的连接可以穿越非常远的距离。大型的 WAN 可以由各大洲的许多 LAN 和 MAN 组成。最广为人知的 WAN 就是 Internet，它由全球成千上万的 LAN 和 WAN 组成。

有时 LAN、MAN 和 WAN 间的边界非常不明显,很难确定 LAN 在何处终止、MAN 或 WAN 在何处开始。但是可以通过四种网络特性——通信介质、协议、拓扑及私有网和公共网间的边界点来确定网络的类型。通信介质是指用来连接计算机和网络的电缆、光纤、无线电波或微波。通常 LAN 结束在通信介质改变的地方，如从基于电线的电缆转变为光纤。电线电缆的 LAN 通常通过光纤与其他的 LAN 连接。

2. 按拓扑结构分类

拓扑学是几何学的一个分支。拓扑学首先把实体抽象成与其大小、形状无关的点，将连接实体的线路抽象成线，进而研究点、线、面之间的关系，即拓扑结构（Topology Structure）。

在计算机网络中，抛开网络中的具体设备，把服务器、工作站等网络单元抽象为"点"，把网络中的电缆、双绞线等传输介质抽象为"线"。

计算机网络的拓扑结构就是指计算机网络中的通信线路和结点相互连接的几何排列方法和模式。拓扑结构影响着整个网络的设计、功能、可靠性和通信费用等许多方面，是决定局域网性能优劣的重要因素之一。

1）总线拓扑结构

总线拓扑结构是指所有结点共享一条传输总线，所有的站点都通过硬件接口连接在这条传输线上，如图 6-8 所示。

优点：结构简单，价格低廉、安装使用方便。

缺点：故障诊断和隔离比较困难。

2）星状拓扑结构

星状拓扑结构是符合令牌协议的高速局域网络。它是以中央结点为中心，把若干外围结点连接起来的辐射式互连结构，如图 6-9 所示。

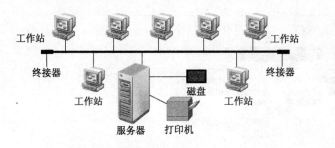
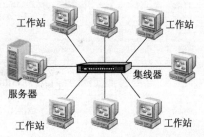

图 6-8　总线拓扑结构示意图　　　　图 6-9　星状拓扑结构示意图

优点：单点故障不影响全网，结构简单。增删结点及维护管理容易；故障隔离和检测容易，延迟时间较短。

缺点：成本较高，资源利用率低；网络性能过于依赖中心结点。

3）树状拓扑结构

树状结构是星状结构的扩展，它由根结点和分支结点所构成，如图 6-10 所示。

优点：结构比较简单，成本低，扩充结点方便灵活。

缺点：对根结点的依赖性大。

4）环状拓扑结构

环状拓扑结构将所有网络结点通过点到点通信线路连接成闭合环路，数据将沿一个方向逐站传送，每个结点的地位和作用相同，且每个结点都能获得执行控制权。

环状结构的显著特点是每个结点用户都与两个相邻结点用户相连，如图 6-11 所示。

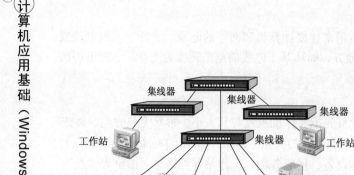

图 6-10　树状拓扑结构示意图

图 6-11　环状拓扑结构示意图

优点：简化路径选择控制，传输延迟固定，实时性强，可靠性高。

缺点：结点过多时，影响传输效率。环某处断开会导致整个系统的失效，结点的加入和撤出过程复杂。

5）网状拓扑结构

网状拓扑结构中的所有结点之间的连接是任意的，没有规律。实际存在与使用的广域网基本上都采用网状拓扑结构。图 6-12 所示为网状拓扑结构示意图。

优点：具有较高的可靠性。某一线路或结点有故障时，不会影响整个网络的工作。

缺点：结构复杂，需要路由选择和流控制功能，网络控制软件复杂，硬件成本较高，不易管理和维护。

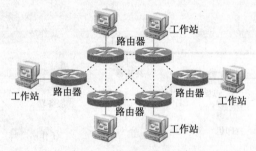

图 6-12　网状拓扑结构示意图

3. 按传输介质分类

传输介质是指数据传输系统中发送装置和接收装置间的物理媒体，按其物理形态可以划分为有线和无线两大类。

1）有线网

有线传输介质是指在两个通信设备之间实现的物理连接部分，它能将信号从一方传输到另一方，有线传输介质主要有双绞线、同轴电缆和光纤。双绞线和同轴电缆传输电信号，光纤传输光信号。

（1）双绞线是由两根绝缘金属线互相缠绕而成的，这样的一对线作为一条通信线路，由四对双绞线构成双绞线电缆。双绞线点到点的通信距离一般不能超过 100 m。目前，计算机网络上使用的双绞线按其传输速率分为三类线、五类线、六类线、七类线，传输速率在 10 ～ 600 Mbit/s 之间，双绞线电缆的连接器一般为 RJ-45。

（2）同轴电缆由内、外两个导体组成，内导体可以由单股或多股线组成，外导体一般由金属编织网组成。内、外导体之间有绝缘材料，其阻抗为 50Ω。同轴电缆分为粗缆和细缆，粗缆用 DB-15 连接器，细缆用 BNC 和 T 连接器。

（3）光纤由两层折射率不同的材料组成。内层是具有高折射率的玻璃单根纤维体，外层包一层折射率较低的材料。光纤的传输形式分为单模传输和多模传输，单模传输性能优于多模传输。所以，光纤分为单模光缆和多模光缆，单模光纤传送距离为几十千米，多模光纤为几千米。光纤的传输速率可达到几百兆比特每秒。光缆用 ST 或 SC 连接器。光缆的优点是不会受到电磁的干扰，传输的距离也比电缆远，传输速率高。光缆的安装和维护比较困难，需要专用的设备。

2）无线网

采用无线介质连接的网络称为无线网。目前无线网主要采用三种技术：微波通信、红外线通信和激光通信。这三种技术都是以大气为介质的。其中微波通信用途最广，目前的卫星网就是一种特殊形式的微波通信，它利用地球同步卫星作为中继站来转发微波信号，一个同步卫星可以覆盖地球的三分之一以上表面，三个同步卫星就可以覆盖地球上全部通信区域。

6.2　Internet 技术基础

6.2.1　Internet 概述

Internet 是由使用公用语言互相通信的计算机连接而成的全球网络。Internet 最早起源于美国国防部高级计划研究署 ARPA（Advanced Research Project Agency）支持的计算机实验网络 ARPANET，该网于 1969 年投入使用，这个项目基于这样一种主导思想：网络必须能够经受住故障的考验而维持正常工作，当网络的某一部分因遭受攻击而失去工作能力时，网络的其他部分应当能够维持正常通信。Internet 采用 TCP/IP 作为统一的通信协议，是把全球数万的计算机网络、主机连接起来的全球网络。

1．Internet 的定义

Internet，中文正式译名为因特网。它是由那些使用公用语言互相通信的计算机连接而成的全球网络。一旦连接到它的任何一个结点上，就意味着计算机已经连入 Internet 网了。Internet 目前的用户已经遍及全球，有几十亿人在使用 Internet，并且它的用户数还在以等比级数上升。Internet 不属于任何个人，也不属于任何组织。世界上的每一台计算机都可以通过 ISP（Internet Service Provider，因特网服务提供商）与之连接。ISP 是进入因特网的关口，为用户提供了接入因特网的通道和相关的技术支持。

2．Internet 的基本功能

Internet 的价值不仅在于其庞大的规模或所应用的技术含量，还在于其所蕴涵的信息资源和方便快捷的通信方式。Internet 向用户提供了各种各样的功能，主要有：

1）WWW（World Wide Web）

WWW 中文译名为万维网或环球网。通过超媒体的数据截取技术和超文本技术，将 WWW 上的数字信息连接在一起，通过浏览器（如 Internet Explorer）可以得到远方服务器上的文字、声音、图片等资料。

2）电子邮件（Electronic Mail，E-mail）

电子邮件是指通过电子通信系统进行书写、发送和接收信件，是目前 Internet 上最常用也是最受欢迎的功能之一。

3）FTP（File Transfer Protocol）服务

FTP 用于 Internet 上控制文件的双向传输，通过一条网络连接从远端站点向本地主机复制文件或把本地计算机的文件传送到远程计算机中。

4）BBS（Bulletin Board System，电子公告板系统）

电子公告板是一种发布并交换信息的在线服务系统，每个用户都可以在上面书写，可发布信息或提出看法，为广大用户提供网上交谈、发布消息、讨论问题、传送文件、学习交流等的机会和空间。

5）Telnet（远程登录）服务

Telnet 是提供远程连接服务的终端信息协议，通过它可以使用户的计算机远程登录到 Internet 上的另一台计算机上。Telnet 提供的大量命令可用于建立终端与远程主机的交互式对话，可使本地用户执行远程主机的命令。

当然，除了以上的几种服务外，Internet 的应用无所不在，如电子商务、网络聊天、网络游戏、地图、天气预报、远程教学等。

3. 我国的 Internet

1986 年 9 月 14 日，北京计算机应用技术研究所发出了中国第一封电子邮件 "Across the Great Wall we can reach every conner in the world"（穿越长城，走向世界），揭开了中国启用 Internet 的序幕。1994 年，我国通过四大主干网（ChinaNet、CERNet、CSTNet、ChinaGBN）正式接入因特网，从此 Internet 在我国得到了迅速发展。

目前，我国与 Internet 连接的主干网主要有：

- 中国公用计算机互联网（ChinaNet）：中国最大的 Internet 服务提供商。由信息产业部（原邮电部）建立，是中国第一个商业化的计算机互联网。

- 中国科技网（CSTNet）：由中国科学院主持的全国性网络，是我国第一个与 Internet 连接的网络，主要包括中科院网、清华大学校园网和北京大学校园网。

- 中国教育科研网（CERNet）：由教育部（原国家教委）主持建立的全国性的教育科研基础设施。网络管理中心设在清华大学，负责主干网的规划、实施、管理和运行。它是为教育、科研和国际学术交流服务的网络。

- 中国金桥网（ChinaGBN）：由信息产业部（原电子工业部）所属吉通公司负责建设的"国家公用经济信息通信网"，也称金桥网。计划建成覆盖 30 多个省、自治区、直辖市的 500 个中心城市，连接 2 000 个大型企业的信息通信网。

- 中国移动互联网（CMNet）：面向社会党政机关团体、企事业单位和各阶层公众的经营性互联网，主要提供无线上网服务。

- 中国联通互联网（UNINet）：已覆盖全国两百多个城市。

- 中国长城网（CGWNet）：军队专用网。

- 中国国际经济贸易互联网（CIETNet）：是非营利性的、面向全国外贸系统企事业单位的专用互联网络。

提示：中国互联网络信息中心（CNNIC）成立于 1996 年，是一家行使国家互联网职责的非营利管理与服务机构，负责向全国提供最高一级域名的注册服务，每年完成两次因特网用户的统计工作。

6.2.2 TCP/IP 协议与 IP 地址

TCP/IP(Transmission Control Protocol/Internet Protocol,传输控制协议/网际协议)是 Internet 最基本的协议，简单地说，就是由底层的 IP 和 TCP 组成的。TCP/IP 的开发工作始于 20 世纪 60 年代，是用于互联网的第一套协议。

1. TCP/IP 参考模型

TCP/IP 参考模型是首先由 ARPANET 所使用的网络体系结构。这个体系结构在它的两个主要协议出现以后被称为 TCP/IP 参考模型（TCP/IP Reference Model）。这一网络协议共分为四层：网络访问层、互联网层、传输层和应用层，如图 6-13 所示。

图 6-13 TCP/IP 参考模型

（1）网络访问层（Network Access Layer）：在 TCP/IP 参考模型中并没有详细描述，只是指出主机必须使用某种协议与网络相连。

（2）互联网层（Internet Layer）：是整个体系结构的关键部分，其功能是使主机可以把分组发往任何网络，并使分组独立地传向目标。这些分组可能经由不同的网络，到达的顺序和发送的顺序也可能不同。高层如果需要顺序收发，那么就必须自行处理对分组的排序。互联网层使用网际协议（Internet Protocol，IP）。

（3）传输层（Transport Layer）：使源端和目的端机器上的对等实体可以进行会话。在这一层定义了两个端到端的协议：传输控制协议（Transmission Control Protocol，TCP）和用户数据报协议（User Datagram Protocol，UDP）。TCP 是面向连接的协议，它提供可靠的报文传输和对上层应用的连接服务。为此，除了基本的数据传输外，它还有可靠性保证、流量控制、多路复用、优先权和安全性控制等功能。UDP 是面向无连接的不可靠传输的协议，主要用于不需要 TCP 的排序和流量控制等功能的应用程序。

（4）应用层（Application Layer）包含所有的高层协议，包括：

- 网络远程通信协议（Telecommunications Network，TELNET）允许一台机器上的用户登录到远程机器上，并进行工作。
- 文件传输协议（File Transfer Protocol，FTP）提供有效地将文件从一台机器上移到另一台机器上的方法。
- 电子邮件传输协议（Simple Mail Transfer Protocol，SMTP）：用于电子邮件的收发。

第 6 章 计算机网络基础与 Internet 基础

- 域名服务（Domain Name Service，DNS）用于把主机名映射到网络地址
- 网上新闻传输协议（Net News Transfer Protocol，NNTP）用于新闻的发布、检索和获取
- 超文本传送协议（HyperText Transfer Protocol，HTTP）用于在 WWW 上获取主页等。

2. **网间协议**（Internet Protocol）

Internet 上使用的一个关键的底层协议是网际协议，通常称为 IP 协议。我们利用一个共同遵守的通信协议，从而使 Internet 成为一个允许连接不同类型的计算机和不同操作系统的网络。要使两台计算机彼此之间进行通信，必须使两台计算机使用同一种"语言"。通信协议正像两台计算机交换信息所使用的共同语言，它规定了通信双方在通信中所应共同遵守的约定。

计算机的通信协议精确地定义了计算机在彼此通信过程的所有细节。例如，每台计算机发送的信息格式和含义，在什么情况下应发送规定的特殊信息，以及接收方的计算机应做出哪些应答，等等。

IP 协议提供了能适应各种各样网络硬件的灵活性，对底层网络硬件几乎没有任何要求，任何一个网络只要可以从一个地点向另一个地点传送二进制数据，就可以使用 IP 加入 Internet 了。

如果希望能在 Internet 上进行交流和通信，则每台连入 Internet 的计算机都必须遵守 IP。为此使用 Internet 的每台计算机都必须运行 IP 软件，以便时刻准备发送或接收信息。

IP 协议对于网络通信有着重要的意义：网络中的计算机通过安装 IP 软件，使许许多多的局域网络构成了一个庞大而又严密的通信系统，从而使 Internet 看起来好像是真实存在的，但实际上它是一种并不存在的虚拟网络，只不过是利用 IP 把全世界所有愿意接入 Internet 的计算机局域网络连接起来，使得它们彼此之间都能够通信。

3. **传输控制协议**（Transmission Control Protocol）

尽管计算机通过安装 IP 软件，保证了计算机之间可以发送和接收数据，但 IP 还不能解决数据分组在传输过程中可能出现的问题。因此，若要解决可能出现的问题，连入 Internet 的计算机还要安装 TCP 来提供可靠的并且无差错的通信服务。TCP 称为一种端对端协议。这是因为它为两台计算机之间的连接起了重要作用：当一台计算机要与另一台远程计算机连接时，TCP 会让它们建立一个连接，之后发送和接收数据及终止连接。

传输控制协议 TCP 利用重发技术和拥塞控制机制，向应用程序提供可靠的通信连接，使它能够自动适应网上的各种变化。即使在 Internet 暂时出现堵塞的情况下，TCP 也能够保证通信的可靠。

众所周知，Internet 是一个庞大的国际性网络，网络上的拥挤和空闲时间总是交替不定的，加上传送的距离也远近不同，所以传输数据所用时间也会变化不定。TCP 具有自动调整超时值的功能，能很好地适应 Internet 上各种各样变化，确保传输数值的正确。

因此，从上面可以了解到：IP 只保证计算机能发送和接收分组数据，而 TCP 则可以提供一个可靠的、可流控的、全双工的信息流传输服务。

综上所述，虽然 IP 和 TCP 这两个协议的功能不尽相同，也可以分开单独使用，但它们是在同一时期作为一个协议来设计的，并且在功能上也是互补的。只有两者的结合，才能保证 Internet 在复杂的环境下正常运行。凡是要连接到 Internet 的计算机，都必须同时安装和使用这两个协议，因此在实际中常把这两个协议统称为 TCP/IP。

4. IP 地址及其分类

在 Internet 上连接的所有计算机，从大型计算机到微型计算机都是以独立的"身份"出现的，人们称它为主机。为了实现各主机间的通信，每台主机都必须有一个唯一的网络地址。就好像每一个住宅都有唯一的门牌一样，才不至于在传输数据时出现混乱。

Internet 的网络地址是指连入 Internet 的计算机的地址编号。所以，在 Internet 网络中，网络地址唯一地标识一台计算机。

我们都已经知道，Internet 是由无数台计算机相互连接而成的。而我们要确认网络上的每一台计算机，靠的就是能唯一标识该计算机的网络地址，这个地址就称为 IP（Internet Protocol）地址，即用 Internet 协议语言表示的地址。

1）IPv4（Internet Protocol version 4，网际协议版本 4）

目前，在 Internet 里，IPv4 每个 IP 地址是一个 32 位的二进制地址。为了便于记忆，将它们分为 4 组，每组 8 位，由小数点分开，用 4B 来表示，而且，用点分开的每个字节的数值范围是 0~255，如 202.116.0.1，这种书写方法称为点数表示法。

IP 地址可确认网络中的任何一个网络和计算机，而要识别其他网络或其中的计算机，则是根据这些 IP 地址的分类来确定的。一般将 IP 地址按结点计算机所在网络规模的大小分为 A、B、C 三类，默认的网络掩码是根据 IP 地址中的第一个字段确定的。

（1）A 类地址。A 类地址的表示范围为：0.0.0.0~126.255.255.255，默认网络掩码为 255.0.0.0。A 类地址分配给规模特别大的网络使用。A 类网络用第一组数字表示网络本身的地址即网络号，后面三组数字作为连接于网络上的主机的地址即主机号，分配给具有大量主机（直接个人用户）而局域网络个数较少的大型网络，如 IBM 公司的网络。

（2）B 类地址。B 类地址的表示范围为：128.0.0.0~191.255.255.255，默认网络掩码为 255.255.0.0。B 类地址分配给一般的中型网络。B 类网络用第一、二组数字表示网络的地址，后面两组数字代表网络上的主机地址。

（3）C 类地址。C 类地址的表示范围为：192.0.0.0~223.255.255.255，默认网络掩码为 255.255.255.0。C 类地址分配给小型网络，如一般的局域网和校园网，它可连接的主机数量是最少的，把所属的用户分为若干的网段进行管理。C 类网络用前三组数字表示网络的地址，最后一组数字作为网络上的主机地址。

实际上，还存在着 D 类地址和 E 类地址。但这两类地址用途比较特殊，在这里只是简单介绍一下：D 类地址称为广播地址，供特殊协议向选定的结点发送信息时用。E 类地址保留给将来使用。

连接到 Internet 上的每台计算机，不论其 IP 地址属于哪类，都与网络中的其他计算机处于平等地位，因为只有 IP 地址才是区别计算机的唯一标识。所以，以上 IP 地址的分类只适用于网络分类。

在 Internet 中，一台计算机可以有一个或多个 IP 地址，就像一个人可以有多个通信地址一样，但两台或多台计算机却不能共用一个 IP 地址。如果有两台计算机的 IP 地址相同，则会引起异常现象，无论哪台计算机都将无法正常工作。

另外还有以下几类特殊的 IP 地址。

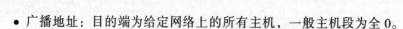

- 广播地址：目的端为给定网络上的所有主机，一般主机段为全 0。
- 单播地址：目的端为指定网络上的单个主机地址。
- 组播地址：目的端为同一组内的所有主机地址。
- 环回地址：126.0.0.1，在环回测试和广播测试时会使用。

2）IPv6（Internet Protocol version 6，网际协议版本 6）

IPv6 是 IETF（Internet Engineering Task Force，互联网工程任务组）设计的用于替代现行版本 IP 协议（IPv4）的下一代 IP 协议。

目前我们使用的第二代互联网 IPv4 技术，核心技术属于美国。它的最大问题是网络地址资源有限。从理论上讲，编址 1 600 万个网络，40 亿台主机。但采用 A、B、C 三类编址方式后，可用的网络地址和主机地址的数目大打折扣，以致于目前的 IP 地址近乎枯竭。其中北美占有 3/4，约 30 亿个，而人口最多的亚洲只有不到 4 亿个，中国只有 3 000 多万个。与 IPv4 相比，IPv6 具有以下几个优势：

（1）IPv6 具有更大的地址空间。IPv4 中规定 IP 地址长度为 32，即有 $2^{32}-1$ 个地址；而 IPv6 中 IP 地址的长度为 128，即有 $2^{128}-1$ 个地址。

（2）IPv6 使用更小的路由表。IPv6 的地址分配一开始就遵循聚类（Aggregation）的原则，这使得路由器能在路由表中用一条记录（Entry）表示一片子网，大大减小了路由器中路由表的长度，提高了路由器转发数据包的速度。

（3）IPv6 增加了增强的组播（Multicast）支持及对流的支持（Flow Control），这使得网络上的多媒体应用有了长足发展的机会，为服务质量（QoS，Quality of Service）控制提供了良好的网络平台。

（4）IPv6 加入了对自动配置（Auto Configuration）的支持。这是对 DHCP 协议的改进和扩展，使得网络（尤其是局域网）的管理更加方便和快捷。

（5）IPv6 具有更高的安全性。在 IPv6 网络中。用户可以对网络层的数据进行加密并对 IP 报文进行校验，极大地增强了网络的安全性。

IPv6 地址采用 128 位二进制数表示，通常转化为十六进制，用 ":" 分隔，例如 3FFE:FFFF:6654:FEDA:1245:BA98:3210:4562。

6.2.3　域名

1. 域名的构成

DNS 规定，域名中的标号都由英文字母和数字组成，每一个标号不超过 63 个字符，也不区分大小写字母。标号中除连字符（-）外不能使用其他的标点符号。级别最低的域名写在最左边，而级别最高的域名写在最右边。由多个标号组成的完整域名总共不超过 255 个字符。

近年来，一些机构也纷纷开发使用采用本土语言构成的域名，如德语、法语等。我国很多地区也开始使用中文域名。

域名格式：

主机名.单位名.单位种类.顶级代码

例如，bbs.tsinghua.edu.cn、www.sina.com.cn 等。

2. 域名的基本类型

一是国际域名（International Top-level Domain-names，iTDs），也称国际顶级域名。这也是使用最早也是最广泛的域名。例如表示工商企业的.com，表示网络提供商的.net，表示非营利组织的.org 等。二是地理域名，又称地理顶级域名，即按照地理位置的不同分配的不同后缀。目前 200 多个国家和地区都按照 ISO 3166 分配了顶级域名，例如中国地理域名是.cn，美国地理域名是.us，日本地理域名是.jp 等。

在实际使用和功能上，国际域名与地理域名没有任何区别，都是互联网上的具有唯一性的标识。只是在最终管理机构上，国际域名由美国商业部授权的互联网名称与数字地址分配机构（the Internet Corporation for Assigned Names and Numbers，ICANN）负责注册和管理；而地理域名则由中国互联网络管理中心（China Internet Network Information Center，CNNIC）负责注册和管理。

6.2.4 Internet 的接入方式

接入因特网的方式多种多样，一般都是通过提供因特网接入服务的 ISP（Internet Service Provider）接入 Internet。主要的接入方式有：电话拨号接入、ADSL 接入、局域网接入、Cable Modem 接入、光纤接入、卫星接入、DDN 专线接入共七种。

1. 电话拨号接入

电话拨号入网可分为两种：一是个人计算机经过调制解调器（Modem）和普通模拟电话线，与公用电话网连接。二是个人计算机经过专用终端设备和数字电话线，与综合业务数字网（Integrated ServiceDigital Network，ISDN）连接。通过普通模拟电话拨号入网方式，数据传输能力有限，传输速率较低（最高 56 kbit/s），传输质量不稳，上网时不能使用电话。通过 ISDN 拨号入网方式，信息传输能力强，传输速率较高（128 kbit/s），传输质量可靠，上网时还可使用电话。

2. ADSL 接入

非对称数字用户线路（Asymmetrical Digital Subscriber Loop，ADSL）是一种高速通信技术。上行（指从用户电脑端向网络传送信息）速率最高可达 1Mbit/s，下行（指浏览 WWW 网页、下载文件）速率最高可达 8 Mbit/s。上网同时可以打电话，互不影响，而且上网时不需要另交电话费。安装 ADSL 也极其方便快捷，只需在现有电话线上安装 ADSL Modem，而用户现有线路不需改动（改动只在交换机房内进行）即可使用。

3. 局域网接入

一般组织的局域网都已接入 Internet，局域网用户即可通过局域网接入 Internet。局域网接入传输容量较大，可提供高速、高效、安全、稳定的网络连接。现在许多住宅小区也可以利用局域网提供宽带接入。

4. Cable Modem 接入

基于有线电视的线缆调制解调器（Cable Modem）接入方式可以达到下行 8 Mbit/s、上行 2 Mbit/s 的高速率接入。要实现基于有线电视网络的高速互联网接入业务还要对现有的 CATV 网络进行相应的改造。基于有线电视网络的高速互联网接入系统有两种信号上行信号传送方式，一种是通过 CATV 网络本身采用上下行信号分频技术来实现，另一种通过 CATV 网传送

下行信号，通过普通电话线路传送上行信号。

5. 光纤接入（FDDI）

利用光纤电缆兴建的高速城域网，主干网络速率可高达几十吉比特每秒，并推出宽带接入。光纤可铺设到用户的路边或楼前，可以以 1 000 Mbit/s 以上的速率接入。从理论上来讲，直接接入速率可以达到 1 000 Mbit/s，但接入用户可以达到 100 Mbit/s 左右，目前在我国实际上的下行速率通常为 4～100 Mbit/s。

近年来，无线接入迅速推广，尤其给携带手提计算机的用户带来极大的便利。用户通过高频天线和 ISP 连接，一般距离在 10 km 左右，在 4G 标准下速率最高可达 150 Mbit/s，性价比很高，广受欢迎。但受地形和距离的限制较大。

6. 卫星接入

一些 ISP 服务商提供卫星接入互联网业务，适合偏远地区需要较高带宽的用户。需安装小口径终端（VSAT），包括天线和接收设备，下行数据的传输率一般为 1 Mbit/s 左右，上行通过 ISDN 接入 ISP。

7. DDN 专线接入

专线的使用是被用户独占的，费用很高，有较高的速率，有固定的 IP 地址，线路运行可靠，连接是永久的。带宽范围在 2～50 Mbit/s。

6.2.5　认识浏览器

1. Internet Explorer 10 简介

Internet Explorer 10 （IE 10 ）是 Microsoft 开发的一种免费的浏览器，在 Windows 7 及以上版本的操作系统中默认安装。Internet Explorer 浏览器操作方便，应用广泛。

双击桌面上的 Internet Explorer 图标，启动 Internet Explorer 浏览器，界面如图 6-14 所示。

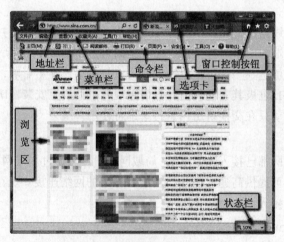

图 6-14　Internet Explorer 窗口

Internet Explorer 10 是一个典型的 Windows 程序。下面分别介绍浏览器窗口的一些特性：

2．标题栏

与之前版本的 Windows 窗口不一样，Internet Explorer 10 窗口中的标题栏只有窗口控制按钮。

3．菜单栏

菜单栏包含控制和操作 Internet Explorer 10 的命令，可以移动、隐藏。

4．地址栏

在地址栏中显示当前 Web 页的 URL（Uniorm Resource Locator，统一资源定位器），也可以在其中输入要访问的 URL。在 Web 中能访问多种 Internet 资源，但要对这些资源采用统一的格式，这种格式称为统一资源格式。

5．命令栏

命令栏中有许多常用命令的按钮，包括主页、打印、阅读邮件、页面设置、安全设置、帮助信息及自定义的功能按钮，在需要的时候可以对命令栏按钮进行自定义操作（删除、添加、排序等）或者直接将命令栏隐藏。

6．选项卡

使用浏览器时，每打开一个链接页面就会生成一个新的选项卡，选项卡上会显示当前页面的标题；关闭选项卡就可以关闭它所对应的页面。

7．浏览区

浏览区是 Internet Explorer 10 窗口的主要部分，用来显示所查站点的页面内容，其中包括文字、图片、动画等。如果其大小不足以显示全部的页面，可分别拖动垂直、水平两个方向的滚动条查看页面的其余部分。

8．状态栏

与之前版本的 Windows 状态栏不一样，Internet Explorer 10 窗口中的状态栏在右下角显示浏览区的百分比。

6.2.6 浏览网页并保存网页

双击桌面上的 Internet Explorer 图标打开 Internet Explorer 浏览器，在地址栏中输入 http://www.baidu.com 后按【Enter】键，即可打开如图 6-15 所示的网页。

提示：对于经常访问的网站可以设置为主页，主页就是打开 Internet Explorer 后，不需要在地址栏内输入网址而直接显示的页面。操作步骤是：在桌面上右击 Internet Explorer 图标，在弹出的快捷菜单中选择"属性"命令，打开"Internet 选项"对话框，如图 6-16 所示。在"常规"选项卡"主页"栏中输入需要默认打开的网站地址即可。

在网上浏览到某个网页后，如果很喜欢这个网页，或者临时有事情不能完整阅读，那么可以将网页或其中的部分内容保存到当地计算机的硬盘中，以便以后再次阅读。

1．保存整个网页

打开要保存的网页，选择"文件"→"另存为"命令，如图 6-17 所示，系统将弹出一个保存文件对话框。选择要存放的路径并输入文件名，然后单击"保存"按钮，于是网页就被保存在本地计算机上了。其默认的网页保存位置在"我的文档"文件夹中。

图 6-15　浏览网页

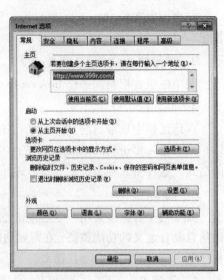

图 6-16　"Internet 选项"对话框

图 6-17　保存整个网页

2. 保存网页部分内容

按住鼠标左键，在网页上拖动鼠标，鼠标经过的地方会反相显示，如图 6-18 所示。其中的一部内容被其选中。选择"编辑"→"复制"命令（选择"编辑"→"全选"命令可以快速选中整个网页的内容），选中的内容被复制到缓冲区中，接下来可以将缓冲区中的内容粘贴到其他软件中。如果选中的是纯文字的内容，那么可以打开记事本等软件进行编辑；如果选中的内容包括文字、表格或图形等，那么可以用 Dreamweaver、FrontPage 等软件打开并编辑其内容。

3. 保存图形

如果只是想保存网页中的某幅图形或网页动画，可以移动鼠标指向该图形，然后右击，在弹出的快捷菜单中选择"图片另存为"命令，如图 6-19 所示。系统弹出一个保存文件对话框，设置好路径和文件名后，单击"保存"按钮，图片就被保存到本地计算机中。

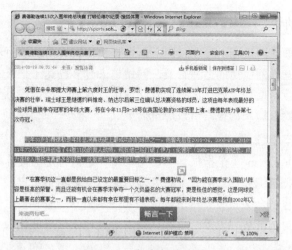

图 6-18　保存部分网页

图 6-19　保存图片

4. 添加收藏夹

"收藏夹"是一份网站名称及地址记录文件夹。对于一些经常访问的站点，如果不希望每次都输入一次网址，则可以直接将这些网站加入"收藏夹"中。以后每次需要访问时，只需单击工具栏上的"收藏夹"按钮，然后单击收藏夹列表中的快捷方式即可打开。下面以新浪网为例介绍具体操作步骤：

（1）启动 Internet Explorer 浏览器，在地址栏中输入 http://www.sina.com.cn，进入新浪网。

（2）选择"收藏"→"添加到收藏夹"命令，打开的对话框如图 6-20 所示。

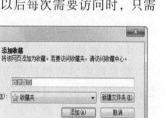

图 6-20　"添加收藏"对话框

（3）在"名称"文本框中输入"新浪首页"，单击"确定"按钮完成操作。下次需要访问时，只需单击"收藏夹"按钮，在弹出的下拉菜单中"新浪首页"命令即可。

提示： 如果收藏的网站越来越多，就要对网站进行分类。可以选择"收藏"→"整理收藏夹"命令来进行整理。

6.2.7 查找需要的信息

在互联网发展初期，网站相对较少，网上信息查找比较容易。然而随着计算机网络技术的飞速发展，特别是互联网应用的迅速普及，网站越来越多已达十亿级，并且每天全球互联网网页数以千万级的数量增加。要在浩瀚的互联网中寻找所需要的信息无异于大海捞针。这时，为满足人们信息检索需求的搜索引擎应运而生。

1. 搜索引擎基本概念

搜索引擎（Search Engine）是指根据一定的策略、运用特定的计算机程序搜集互联网上的信息，在对信息进行组织和处理后，并将处理后的信息显示给用户，是为用户提供检索服务的系统。搜索引擎包括全文索引、目录索引、元搜索引擎、垂直搜索引擎、集合式搜索引擎、门户搜索引擎与免费链接列表等。百度、谷歌等是搜索引擎的代表。

2. 搜索引擎的分类

1）全文索引

全文搜索引擎是名副其实的搜索引擎，国外代表有 Google，我国则有著名的百度搜索。它们从互联网提取各个网站的信息（以网页文字为主），建立起数据库，并能检索与用户查询条件相匹配的记录，按一定的排列顺序返回结果。

根据搜索结果来源的不同，全文搜索引擎可分为两类，一类拥有自己的检索程序（Indexer），俗称"蜘蛛"（Spider）程序或"机器人"（Robot）程序，能自建网页数据库，搜索结果直接从自身的数据库中调用，上面提到的 Google 和百度就属于此类；另一类则是租用其他搜索引擎的数据库，并按自定的格式排列搜索结果，如 Lycos 搜索引擎。

2）目录索引

目录索引虽然有搜索功能，但严格意义上不能称为真正的搜索引擎，只是按目录分类的网站链接列表而已。用户完全可以按照分类目录找到所需要的信息，不依靠关键词（Keywords）进行查询。目录索引如新浪分类目录搜索等。

3）元搜索引擎

元搜索引擎（META Search Engine）接受用户查询请求后，同时在多个搜索引擎上搜索，并将结果返回给用户。著名的元搜索引擎有 InfoSpace、Dogpile、Vivisimo 等。在搜索结果排列方面，有的直接按来源排列搜索结果，如 Dogpile；有的则按自定的规则将结果重新排列组合，如 Vivisimo。

4）垂直搜索引擎

垂直搜索引擎和普通的网页搜索引擎的最大区别是对网页信息进行了结构化信息抽取，也就是将网页的非结构化数据抽取成特定的结构化信息数据，好比网页搜索是以网页为最小单位，基于视觉的网页块分析是以网页块为最小单位，而垂直搜索是以结构化数据为最小单位。然后将这些数据存储到数据库，进行进一步的加工处理，如去重、分类等，最后分词、索引再以搜索的方式满足用户的需求。整个过程中，数据由非结构化数据抽取成结构化数据，经过深度加工处理后以非结构化的方式和结构化的方式返回给用户。

5）集合式搜索引擎

该搜索引擎类似元搜索引擎，区别在于它并非同时调用多个搜索引擎进行搜索，而是由用户从提供的若干搜索引擎中选择。

6）门户搜索引擎

AOL Search、MSN Search 等虽然提供搜索服务，但自身既没有分类目录也没有网页数据库，其搜索结果完全来自其他搜索引擎。

7）免费链接列表（Free For All Links，FFA）

一般只简单地滚动链接条目，少部分有简单的分类目录，不过规模要比目录索引小很多。

3. **信息的查找**

下面以国内搜索引擎市场占有率最高的百度为例介绍具体操作步骤：

（1）打开 Internet Explorer 浏览器，在地址栏中输入 http://www.baidu.com 后按【Enter】键，即可打开如图 6-21 所示的网页。

图 6-21　百度搜索

在百度搜索框中（光标闪烁处）输入要查找的信息，例如"武汉职业技术学院官网"。

（2）输入完毕后，按【Enter】键或者单击 百度一下 按钮，即可打开如图 6-22 所示搜索结果。

图 6-22　百度搜索结果

（3）点击链接 武汉职业技术学院 ，即可打开武汉职业技术学院官网首页，如图 6-23 所示。

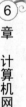

图 6-23　武汉职业技术学院首页

6.2.8　从网络中下载资源

Internet 是一个信息的海洋，包罗万象，无所不有，丰富的网络资源给人们查找资料带来了极大的方便。如何在浩瀚的网络世界中搜索并下载自己所需要的资源呢？这就要借助Internet 提供的网络下载功能。

下面主要介绍在浏览器中及通过下载工具进行资源的下载。

1．浏览器中下载

（1）通过搜索引擎在浏览器（IE10）中打开搜索结果页面后，在该页面中找到需要下载资源的超级链接，单击超级链接，弹出"文件下载"对话框，如图 6-24 所示。

图 6-24　"文件下载"对话框

（2）单击"保存"按钮右边的，选择"另存为"对话框，如图 6-25 所示。

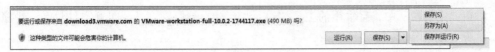

图 6-25 选择"另存为"命令

（3）在弹出的"另存为"对话框中，对文件保存的位置、文件名进行设置，如图 6-26 所示。

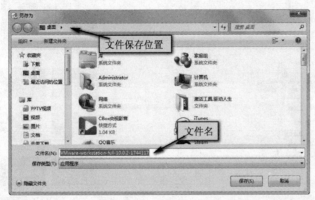

图 6-26 "另存为"对话框

（4）单击"保存"按钮，就会出现显示下载进度的窗口，如图 6-27 所示。

图 6-27 下载进度窗口

（5）当文件下载完成后，会弹出"下载完毕"对话框，如图 6-28 所示。

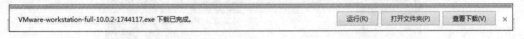

图 6-28 下载完毕

2. 使用下载工具下载

下载的最大问题就是下载的速度，其次就是下载以后的管理。例如，迅雷是一款专用的下载工具软件。迅雷基于 P2SP（Point to Server Point）技术，它能够将网络上存在的服务器和计算机资源进行有效的整合，构成独特的迅雷网络。通过迅雷网络，各种数据文件能够以最快的速度进行传递。更新后的迅雷可以对服务器资源进行均衡，降低了服务器的负载；支持和优化了 BT 协议下载；更新了 FTP 资源探测；更新了影视资源的相关信息等。同时，通过把一个文件分成几个部分同时下载可以成倍的提高速度，下载速度可以提高100%～500%。

迅雷可以创建不限数目的类别，每个类别指定单独的文件目录，不同的类别保存到不同的目录中去，强大的管理功能包括支持拖动、更名、添加描述、查找、文件名重复时可自动重命名等等。而且下载前后均可轻易管理文件。

启动迅雷，进入迅雷主界面，主界面中如图 6-29 所示。

● 在"账号登录区"单击可在新弹出的窗口内注册迅雷账号。

- 在"工具栏"中，有常用的工具按钮，如新建、删除、多选、打开文件目录、排序及历史搜索等。

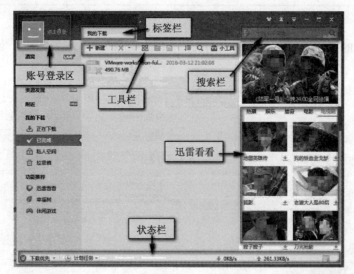

图 6-29　迅雷主界面

- 在"搜索栏"中，可输入在"迅雷看看"中查找的视频资源。
- 在"状态栏"中，可查看当前下载资源的下载速度、上传速度并对下载优先级别进行调整或者设置"计划任务"来调整开始下载的日期和时间。

（1）单击"新建"按钮弹出"新建任务"对话框，如图 6-30 所示。

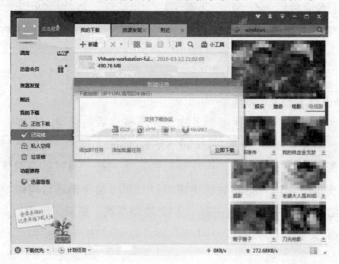

图 6-30　新建任务

（2）将要下载文件的链接地址或者种子复制到对话框中，如图 6-31 所示。

（3）单击"立即下载"后，迅雷进入新建任务的下载过程中，如图 6-32 所示。

（4）下载完成后，单击"运行"按钮可打开下载完成的文件，单击"目录"按钮可打开已下载文件所在目录，如图 6-33 所示。

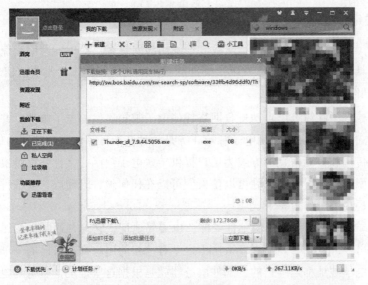

图 6-31　下载链接

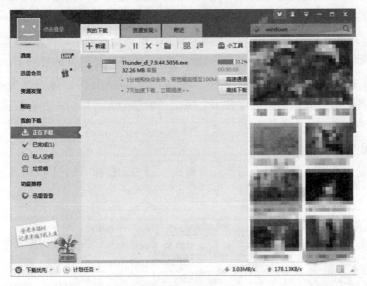

图 6-32　下载进度

图 6-33　下载完成

6.2.9 收发电子邮件

电子邮箱（E-mail Box）是通过网络电子邮局为网络客户提供的网络交流的电子信息空间。电子邮箱具有 gmail 存储和收发电子邮件的功能，是因特网中最重要的信息交流工具。

1. 电子邮件的定义

在网络中，电子邮箱可以自动接收网络任何电子邮箱所发的电子邮件，并能存储规定大小的等多种格式的电子文件。利用电子邮箱业务是一种基于计算机和通信网的信息传递业务，是利用电信号传递和存储信息的方式为用户提供传送电子信函、文件数字传真、图像和数字化语音等各类型的信息。电子邮件可以使人们可以在任何地方时间收、发信件，解决了时空的限制，大大提高了工作效率。

电子邮件（E-mail）像普通的邮件一样，也需要地址，它与普通邮件的区别在于它是电子地址（E-mail Address）。所有在 Internet 之上有信箱的用户都有自己的一个或几个电子地址，并且这些电子地址都是唯一的。邮件服务器就是根据这些地址，将每封电子邮件传送到各个用户的信箱中，电子地址就是用户的信箱地址。就像普通邮件一样，用户能否收到 E-mail，取决于是否取得了正确的电子邮件地址。

一个完整的 Internet 邮件地址由以下两个部分组成，格式如下："登录名@主机名.域名"，中间用一个表示"在"（at）的符号"@"分开，符号的左边是对方的登录名，右边是完整的主机名，它由主机名与域名组成。其中，域名由几部分组成，每一部分称为一个子域（Subdomain），各子域之间用圆点"."隔开，每个子域都会告诉用户一些有关这台邮件服务器的信息。

2. 电子邮件的格式

一封完整的电子邮件都有两个基本部分组成：信头和信体，如图 6-34 所示。

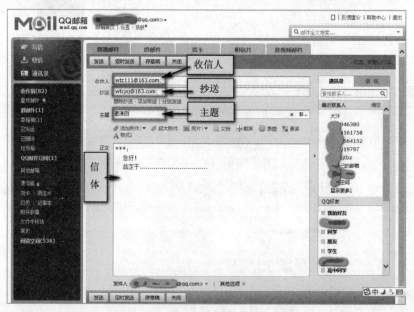

图 6-34　电子邮件组成

1）信头

信头一般有下面几个部分：

① 收信人，即收信人的电子邮件地址。

② 抄送，表示同时可以收到该邮件的其他人的电子邮件地址，可有多个。

③ 主题，是概括地描述该邮件内容，可以是一个词，也可以是一句话。由发信人自拟。

2）信体

信体是希望收件人看到的信件内容，有时信件体还可以包含附件。附件是含在一封信件里的一个或多个计算机文件，附件可以从信件上分离出来，成为独立的计算机文件。

3. 邮件协议

邮件协议是指用户在客户端计算机上可以通过哪些方式进行电子邮件的发送和接收。常见的协议有 SMTP、POP3 和 IMAP。

1）SMTP 协议

SMTP 称为简单邮件传输协议，可以向用户提供高效、可靠的邮件传输方式。SMTP 的一个重要特点是它能够在传送过程中转发电子邮件，即邮件可以通过不同网络上的邮件服务器转发到其他的邮件服务器。

SMTP 协议工作在两种情况下：一是电子邮件从客户机传输到邮件服务器；二是从某一台邮件服务器传输到另一台邮件服务器。SMTP 是个请求/响应协议，它监听 25 号端口，用于接收用户的邮件请求，并与远端邮件服务器建立 SMTP 连接。

2）POP3 协议

POP 称为邮局协议，用于电子邮件的接收，它使用 TCP 的 110 端口，常用的是第三版，所以简称为 POP3。

POP3 仍采用 C/S 工作模式。当客户机需要服务时，客户端的软件（如 Outlook Express）将与 POP3 服务器建立 TCP 连接，然后要经过 POP3 协议的 3 种工作状态：首先是认证过程，确认客户机提供的用户名和密码；在认证通过后便转入处理状态，在此状态下用户可收取自己的邮件，在完成相应操作后，客户机便发出 quit 命令；此后便进入更新状态，将作删除标记的邮件从服务器端删除掉。到此为止，整个 POP 过程完成。

3）IMAP 协议

IMAP 称为 Internet 信息访问协议，主要提供的是通过 Internet 获取信息的一种协议。IMAP 像 POP3 那样提供了方便的邮件下载服务，让用户能进行离线阅读，但 IMAP 能完成的却远远不只这些。IMAP 提供的摘要浏览功能可以让用户在阅读完所有的邮件到达时间、主题、发件人、大小等信息后再作出是否下载的决定。

4. 电子邮件收发工作原理

互联网中基于 TCP/IP 协议的电子邮件系统采用的是客户机/服务器工作模式，整个系统的核心是电子邮件服务器。

（1）发信人使用主机上的客户端软件编写好邮件，并发件人、收件人地址，通过 SMTP 协议与所属发送方邮件服务器建立连接，并将要发送邮件发送到所属盼发送方邮件服务器。

（2）发送方邮件服务器查看接收邮件的目标地址，如果收件人为本邮件服务器的用户，则将邮件保存在收件人的邮箱中。如果收件人不是本邮件服务器的用户，则将交由发送方邮件服务器的 SMTP 客户进程处理。

（3）发送方邮件服务器的客户进程向收件人信箱所属邮件服务器发出连接请求，确认后，邮件按 SMTP 协议的要求传输到收件人信箱邮件服务器。收件人信箱邮件服务器收到邮件后，将邮件保存到收件人的邮箱中。

（4）当收件人想要查看其邮件时，启动主机上的电子邮件应用软件，通过 POP3 取信协议进程向收件人信箱邮件服务器发出连接请求，确认后，收件人信箱邮件服务器上的 POP3 服务器进程检查该用户邮箱，把邮箱中的邮件按 POP3 协议的规定传输到收信人主机的 POP3 客户进程，最终交给收信人主机的电子邮件应用软件，供用户查看和管理。

5. 申请电子邮箱

网上有很多网站均设有收费与免费的电子信箱，供广大网友使用。虽然免费的电子信箱比起收费的信箱保密性差，但还是能满足网民日常生活需求的。而且信箱容量愈大愈好，因为它可以传送、存储更多的信息。新浪网站的信箱容量高达 2 GB，网易网站和 TOM 网站的空间容量升级到了 3 GB，MSN 网站邮箱容量提升到了 5 GB，搜狐网站、亿邮网站等的信箱容量也提升到 2 GB 的容量。

现在以网易免费邮箱为例将申请免费电子信箱的方法介绍如下：

（1）首先打开 IE 浏览器，在 IE 浏览器的地址栏中输入 "http://mail.126.com"，进入网易126 免费邮箱主页，如图 6-35 所示。

图 6-35 电子邮件登录界面

（2）单击"注册"按钮，打开注册新用户窗口，如图 6-36 所示。

（3）在"用户名"文本框中输入新邮箱要使用的名称，如 "plmc_09T01"。按【Enter】键后，系统会自动列出尚未注册的邮箱以供选择；如果邮箱已注册，则提示"用户名已经存在"，需要重新输入用户名，如图 6-37 所示。

（4）填写个人资料

① 在"创建您的账号"区域内的"密码"和"再次输入密码"文本框中设置密码。

② 在"安全信息设置"区域内，设置密码保护问题及答案。

③ 在"安全信息设置"区域内，输入自己的生日、性别。

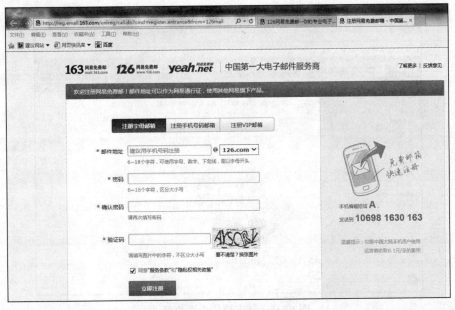

图 6-36　注册新邮箱窗口

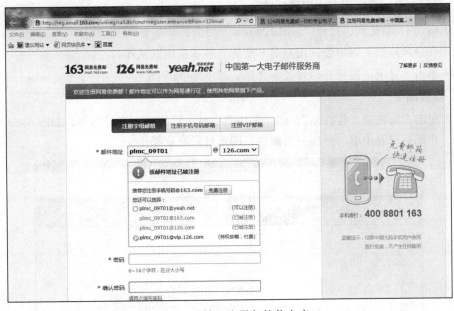

图 6-37　反馈已注册邮箱信息窗口

④ 在"注册验证"区域内输入验证码。

⑤ 选中"我已阅读并接受服务条款"复选框。

⑥ 邮箱地址申请成功，打开图 6-38 所示的窗口。

提示：若填写资料有误，或不符合要求，将返回"注册新用户"窗口，重新填写。

（5）页面显示注册成功

邮箱地址为 plmc_09T02@126.com，如图 6-38 所示。

图 6-38　新邮箱注册成功窗口

6. 使用浏览器接收和发送电子邮件

（1）启动 IE 浏览器，打开 "mail.126.com" 网页，如图 6-35 所示。

（2）在登录邮箱页面中输入用户名和密码，版本选用默认即可。

（3）单击 "登录" 按钮，即可登录邮箱，如图 6-38 所示。

7. 查看邮件

（1）单击左窗格中 "收件箱"，则在右窗格中显示已收到的所有邮件，如图 6-39 所示。

（2）在邮件列表中单击选中一封邮件，即可打开阅读邮件。

图 6-39　邮箱收件箱窗口

8. 回复邮件

（1）打开要回复的邮件。

（2）单击工具栏中的 "回复" 按钮，打开回复邮件窗口，如图 6-40 所示。

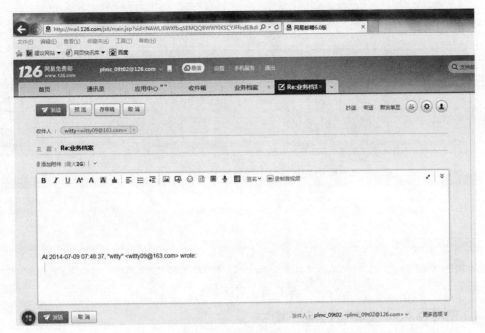

图 6-40　回复邮件窗口

（3）填写邮件中的有关内容。

① 收件人：由于是回复邮件，系统自动在"收件人"文本框中填写了对方的邮件地址。可以更改、增加收件人的地址。

② 抄送：如果该邮件需要发送给多个人，在该文本框中输入其他人的邮件地址，并且邮箱之间用逗号分隔。利用"抄送"方式发送的邮件，所有的收件人均能看到该邮件的所有接收者。

③ 主题：在"主题"文本框中输入简洁内容，说明邮件的主题，如："开会通知""会议邀请""征文通知"等。

④ 附件：如果要发送其他类型的文件（如图片、Word 文档、AVI、MP3 等文件），可单击"添加附件"按钮，在弹出的"选择文件"对话框中选择要发送的文件。

⑤ 内容文本框：书写邮件内容。

（4）单击"发送"按钮，即可发送邮件，并显示"邮件发送成功"的提示。

9. 写新的邮件

（1）单击"写信"按钮，打开写信窗口，如图 6-41 所示。

（2）填写收件人邮箱地址，其他操作与回复邮件相同。

10. 删除邮件

（1）打开"收件箱"。

（2）选定要删除的邮件。

（3）单击"删除"按钮，即可把选定的邮件移到"已删除"文件夹中。

（4）打开"已删除"文件夹，再次删除选定的邮件，即可彻底删除。

（5）单击窗口上的"关闭"按钮，结束邮件的相关操作。

第 6 章　计算机网络基础与 Internet 基础

图 6-41　写信窗口

11. 使用 Outlook 接收和发送电子邮件

（1）启动 Outlook 邮件客户端软件，显示如图 6-42 所示。

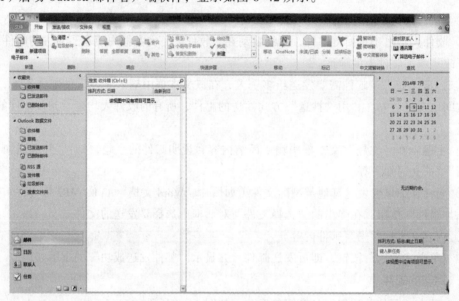

图 6-42　Microsoft Outlook 2010 窗口

（2）建立一个邮件账户：

① 选择"文件"→"信息"→"账户设置"命令，弹出"账户设置"对话框，如图 6-43 所示。

② 单击"电子邮件"选项卡中的"新建"按钮，弹出"添加新账户"对话框，如图 6-44 所示。

③ 单击"下一步"按钮，在弹出的对话框中的"您的姓名"文本框中输入姓名，该姓名将显示在外发邮件的"发件人"字段上。

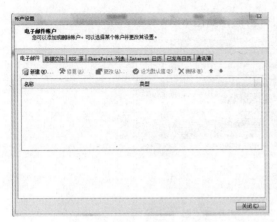
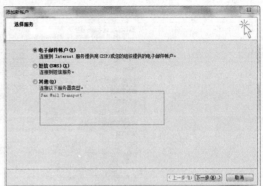

图 6-43 "账户设置"对话框　　　　　　　图 6-44 "添加新账户"对话框

④ 在"电子邮件地址"文本框中输入邮件地址，如"plmc_09T02@126.com"；并设置邮箱的密码，如图 6-45 所示。

⑤ 单击"下一步"按钮，弹出邮件账户配置进度情况，如图 6-46 所示。

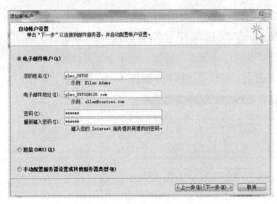

图 6-45 设置新账户　　　　　　　图 6-46 账户配置进度

⑥ 若账户配置成功，则会弹出图 6-47 所示的对话框。

⑦ 单击"完成"按钮，账户设置完成，返回"账户设置"对话框。在该对话框中可以看到新设定的账户为"plmc_09T02@126.com"，如图 6-48 所示。

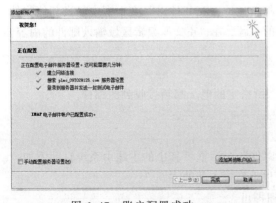
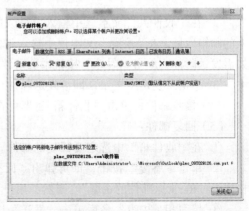

图 6-47 账户配置成功　　　　　　　图 6-48 账户添加成功后"账户设置"对话框

⑧ 双击该邮件账户，弹出"更改账户"的对话框，如图 6-49 所示。

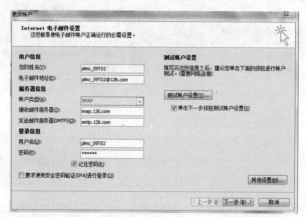

图 6-49 "更改账户"对话框

常见免费邮箱服务器的地址如下：

- 新浪：接收邮件服务器 pop3.sina.com.cn，发送邮件服务器 smtp.sina.com.cn。
- 搜狐：接收邮件服务器 pop3.sohu.com，发送邮件服务器 smtp.sohu.com。
- 网易 126 邮箱：接收邮件服务器 pop.126.com、发送邮件服务器 smtp.126.com。

（3）创建邮件：

① 单击"新建电子邮件"按钮，打开"未命名–邮件"窗口，如图 6-50 所示。

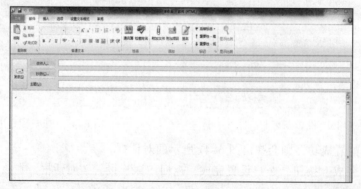

图 6-50 发邮件窗口

② 在"收件人"文本框中输入收件人的邮箱地址，在"抄送"文本框中输入其他收件人的邮箱地址，在"主题"文本框中输入邮件的主题，在"正文"编辑区域输入邮件的内容。如需发送附件，单击"附件"按钮添加附件。

③ 单击"发送"按钮，即可发送邮件。

（4）接收邮件：单击"收件箱"，即可查看所指定的电子邮箱接收到的邮件。

（5）回复邮件：

① 在"收件箱"中选定要回复的邮件。

② 单击"答复"按钮，即可弹出"回复邮件"对话框。其中的主题由系统自动添加，格式为"Re：+ 原邮件的主题"。当然，用户可以重新输入新的主题。

③ 填写相关内容，最后单击"发送"按钮即可。